KB268254

차는 어렵지 않아

LE THÉ C'EST PAS SORCIER

초보자부터 마니아까지
그림과 함께 배우는 차 입문서

차 시음 방법 배우기

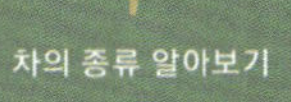

차의 종류 알아보기

그린홈은 2002년에 새롭게 선보인 주식회사 동학사의 디비전으로, 취미·실용 전문 출판 브랜드입니다. 그린쿡은 요리분야 브랜드로, 최신 트렌드의 디저트, 브레드, 요리는 물론 세계 각국의 정통 요리를 소개합니다.

GREENCOOK

Green Home

www.donghaksa.co.kr
www.green-home.co.kr
www.facebook.com / greenhomecook

TEL 02-324-6130 FAX 02-324-6135
04083 서울시 마포구 토정로 53(합정동)
하나은행 209-910005-93904
(예금주 주식회사 동학사)

사람인가를 묻는 논어 Ⅰ · Ⅱ

윤재근 편 | ①권 768쪽 ②권 728쪽 | 각권 27,000원

전편 10편 후편 10편, 모두 499장을 원문, 해독, 담소로
구성하여 풀어놓았다. 담소는 원문 글자마다 뜻을 풀어
놓아 한문과 친숙해지게 도와준다.

희망과 소통의 경전 맹자 Ⅰ · Ⅱ

윤재근 편 | ①권 1,900쪽 | 50,000원
②권 1,436쪽 | 45,000원

약 3,500페이지의 방대한 맹자 자습서. 맹자의 왕도사
상은 정치사상을 뛰어넘어 이상적인 삶을 제시한다.

마음 중심 세상 중용

윤재근 편 | 804쪽 | 33,000원

중용을 스스로 읽고 그 의미를 찾을 수 있도록 한 행 한 행
을 꼼꼼하게 풀어썼다. 경쟁 사회일수록 중용의 가르침은
더욱 절실하게 다가온다.

편하게 만나는 도덕경 노자

윤재근 편 | 464쪽 | 23,000원

도덕경 81장에 흐르는 심오한 삶의 가르침을 원문과 해독문
을 통해 전달한다. 자신과 더불어 타인과 주변을 돌아보는
사색의 기회를 가질 수 있다.

우화로 즐기는 장자

윤재근 편 | 548쪽 | 25,000원

삶의 굴레에서 벗어나 참된 자기를 찾고 자유를 누리고자
했던 장자의 사상이 내편 7편, 외편 15편, 잡편 11편의 총
33편의 우화에 담겨져 있다.

한 권으로 읽는 주역

윤재근 편 | 436쪽 | 23,000원

동양사상의 거처이자 정점이라 할 수 있는 『주역』의 핵심인
64괘의 가르침을 한 권 안에 모두 담았다.

NEW BC 400년 생각의 지도를 바꾼 역설의 통찰,
지혜의 대경전 노자

노자 81장 ①②

윤재근 풀어 씀
152×225 | ①권 1064쪽 ②권 1040쪽 | 각권 38,000원

1권 1~40장, 2권 41~81장 총 81장, 약 2100페이지에 달하며, 공맹·노자·장자를 아우르는 방대한 주석은 물론 스스로 뜻을 헤아릴 수 있게 한문 구문을 한 자 한 자 분석한 노자 완결판이다. 어지러운 욕망의 시대를 사는 현대인들에게 인간의 욕망은 인간을 괴롭히고 상처낼 뿐 편안한 삶을 허락하지 않음을 살펴 새기고 헤아려보라 한다.

짧지만 위대한 명대사

제임스 샤이블리 지음 | 임태현 옮김 | 130×190 | 220쪽 | 13,000원

인셉션: 슈팅 스크립트

크리스토퍼 놀란 지음 | 김동욱 옮김 | 152×225 | 240쪽 | 16,000원

BETWEEN THE SCENES
할리우드 영화로 배우는 신 전환의 기술

제프리 마이클 베이스 지음 | 안느 브리짓 알트 옮김 | 유지나 감수 | 278×190 | 148쪽 | 16,000원

시나리오 작가를 위한 심리학

윌리엄 인딕 지음 | 유지나 옮김 | 152×225 | 400쪽 | 22,000원

내가 정신과 간호사가 된 이유

미즈타니 미도리 지음 | 김동욱 옮김 | 148×210 | 160쪽 | 13,000원

보테

케라스코에트 그림 | 위베르 글 | 윤진 옮김 | 212×292 | 160쪽 | 23,000원

불안

조지프 르두 지음 | 임지원 옮김 152×225 | 560쪽 | 32,000원

REAL 액션 포즈집 01 : 여고생 액션 편

카라사와 이사오 지음 | 182×257 | 192쪽 | 20,000원

REAL 액션 포즈집 02 : 히로인 슈트 · 액션 편

카라사와 이사오 지음 | 182×257 | 192쪽 | 20,000원

REAL 액션 포즈집 03 : 로우앵글모션 · 여고생 편

카라사와 이사오 지음 | 182×257 | 192쪽 | 20,000원

만화로 배우는 만화 그리기 얼굴

우에다 히로마사 지음 | 148×210 | 208쪽 | 11,000원

만화로 배우는 만화 그리기 몸

우에다 히로마사 지음 | 148×210 | 208쪽 | 11,000원

만화로 배우는 만화 그리기 손

우에다 히로마사 지음 | 148×210 | 224쪽 | 11,000원

'19세기가 니체의 시대라면 20세기는 비트겐슈타인의 시대다'

超譯
비트겐슈타인의 말

시라토리 하루히코 엮음 | 박재현 옮김
128×188 | 264쪽 | 12,000원

20세기가 낳은 천재철학자 비트겐슈타인의 격언을 모았다. '19세기가 니체의 시대라면 20세기는 비트겐슈타인의 시대다'라는 말처럼 지난 세기 동안 그가 지성사에 남긴 족적은 실로 엄청나다. 평소에 다가가기 어려웠던 그의 생각을 쉽게 만나보자. 참고로 특별부록에 실린 글은 살짝 반전이다.

우리 개 성격별 맞춤 훈련

니와 미에코 감수
175×225 | 192쪽 | 14,500원

사람의 성격이 저마다 다른 것처럼 제멋대로 행동하는 성격, 고집이 센 성격, 밝고 명랑한 성격, 겁이 많은 성격 등 개의 성격도 다양하다. 반려견 성격에 맞는 훈련방법을 소개한다.

매너 좋고 말 잘 듣는 우리 개 훈련 start

일본 주부와 생활사 엮음
175×225 | 160쪽 | 13,000원

개도 어릴 때의 습관은 커서도 남아 있다. 그렇기 때문에 개한테도 가정교육은 꼭 필요하다. 616개의 그림과 함께 반려견을 길들이는 방법과 훈련방법을 소개한다.

새와 사람

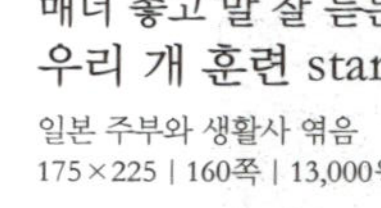

최종수 지음
185×225 | 472쪽 | 10,000원

30여 년 동안 새들과 함께 생활한 저자가 경험과 지식을 바탕으로 새들과 친해지는 방법을 소개한 책. 새들과 친해지기 위해서는 〈새들의 정원〉을 꾸미고, 〈새들의 밥상〉을 차려서 먹이를 나눠주어야 한다. 저자는 그런 따뜻한 방법을 우리에게 전달한다.

처음 시작하는 열대어 기르기

코랄피시 편집부 엮음
190×240 | 240쪽 | 17,000원

물살에 흔들리는 수초와 수초 사이를 한가롭게 헤엄치는 화려한 색상의 작은 물고기들. 수조 속 작은 생태계는 바라보는 것만으로도 마음을 편안하게 해준다. 열대어 기르기와 수초를 아름답게 꾸미는 노하우를 일러스트와 사진으로 설명하고 있다.

증세와 병명으로 찾는
애견 질병사전

일본 성미당 엮음
175×225 | 192쪽 | 13,000원

평소 반려견의 건강상태를 체크하고
질병에 대해 알아두어 신체적으로
이상 징후가 있을 때 조기 발견하여
치료할 수 있도록 도와주는 실용서.
유사시의 응급처치법과 견종별로
잘 걸리는 병을 소개하였다.

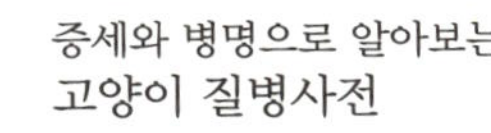

증세와 병명으로 알아보는
고양이 질병사전

난부 미카 지음
175×225 | 168쪽 | 14,500원

고양이전문 수의사가 경험을
바탕으로 알려주는 고양이
건강 백서. 고양이 몸에 나타난
작은 증세나 눈에 잘 띄지 않는
행동을 놓치지 않고 빨리 알아차려
대처하고 치료 방법을 알려준다.

애견의 심리와 행동

미즈코시 미나 감수
175×225 | 200쪽 | 13,000원

수의학과 동물행동학으로 살펴본
개의 심리와 행동의 의미를 설명.
개의 마음과 행동을 이해하여
가족과 반려동물과의
좋은 관계를 이루기 위한
가이드북이다.

노령견과
행복하게 살아가기

나카하다 가사노리 감수
175×225 | 192쪽 | 13,000원

개들의 문제행동이 노화 때문인지,
아니면 질병의 증후인지를
판단하기 어려운 경우가 많다.
노령견에서 나타나는 행동이나
몸짓, 증상이 나타날 때의 대책과
예방법 등을 알려준다.

PET

반려동물을
이해하고
함께하는
행복한 생활

애견백과사전

Dr. 피터 라킨 · 마이크 스톡먼 지음
230×296 | 256쪽 | 27,000원

고양이백과사전

앨런 에드워즈 지음
230×296 | 256쪽 | 27,000원

재미있게 가르치는
우리개 완벽 훈련 100

사라 피셔+마리 밀러 지음
210×276 | 144쪽 | 15,000원

문제행동 바로잡는
우리개 완벽 훈련 100

사라 피셔+마리 밀러 지음
210×276 | 128쪽 | 15,000원

세계의 반려견백과

후지와라 쇼타로 엮음
230×296 | 248쪽 | 27,000원

세계 반려견 345종의 성격과 역사,
신체특징과 잘 걸리는 질병 등
유용한 정보를 담았다.
태어나서 처음 반려견을
맞이하거나,
새로운 종류를 반려견으로 맞을 때
궁금한 점을 풀어준다.

**한눈에 보는
버섯대백과**

김현정 감수
182×257 | 368쪽 | 32,000원

발생 장소별로 나누어 300여 종의
버섯을 소개한 버섯도감.
버섯의 발생시기와 구별방법,
식용 방법은 물론 독버섯 카탈로그와
특징별로 정리한 버섯 카탈로그가
채취현장에서 도움이 될 것이다.

우리 몸에 좋은 나물대사전
솔뫼 지음 | 210×257 | 616쪽 | 53,000원

우리 몸에 좋은 버섯대사전
솔뫼 지음 | 210×257 | 720쪽 | 60,000원

우리 몸에 좋은 버섯작은사전
솔뫼 지음 | 128×188 | 624쪽 | 23,000원

우리 몸에 좋은 효소대사전
솔뫼 지음 | 210×257 | 536쪽 | 45,000원

우리 몸에 좋은 장아찌사전
솔뫼 지음 | 210×257 | 532쪽 | 45,000원

우리 몸에 좋은 식초대사전
솔뫼 지음 | 210×257 | 488쪽 | 45,000원

산 속에서 만나는 몸에 좋은 식물 148
솔뫼 지음 | 152×225 | 432쪽 | 28,000원

산 속에서 배우는 몸에 좋은 식물 150
솔뫼 지음 | 152×225 | 432쪽 | 28,000원

모양으로 바로아는 몸에 좋은 식물 148
솔뫼 지음 | 152×225 | 432쪽 | 28,000원

알면 약이되는 몸에 좋은 식둘 150
솔뫼 지음 | 152×225 | 552쪽 | 30,000원

들고다니는 산 속에서 만나는 몸에 좋은 식물 148
솔뫼 지음 | 112×210 | 340쪽 | 17,000원

들고다니는 산 속에서 배우는 돋에 좋은 식물 150
솔뫼 지음 | 112×210 | 504쪽 | 17,000원

들고다니는 모양으로 바로아는 곰에 좋은 식물 148
솔뫼 지음 | 112×210 | 364쪽 | 17,000원

들고다니는 알면 약이되는 몸어 좋은 식물 150
솔뫼 지음 | 112×210 | 404쪽 | 17,000원

사진으로 배우는
분재의 기술

Tokizaki Atsushi 감수
210×257 | 208쪽 | 23,000원

분재는 키우고 만들고 품격을 높이는, 몇 단계의 즐거움을 경험할 수 있는 세계이다. 이 책은 충실한 기본 설명, 수많은 사진과 그림, 풍부한 작품 예시로 초보자도 이해하기 쉽게 가르쳐주는 분재 교과서이다.

내 손으로 직접 번식시키는
꺾꽂이 접붙이기 휘묻이

다카야나기 요시오 지음
210×257 | 256쪽 | 25,000원

아끼는 식물을 내 손으로 직접 번식시키는 즐거움은 각별하다. 이 책에서는 인기 나무, 관엽식물, 화초 142종의 번식방법을 자세히 소개하여, 누구나 세상에 단 하나뿐인 오리지널 품종을 만들 수 있다.

내 손으로 직접 수확하는
과수재배대사전

Kobayashi Mikio 감수
210×257 | 272쪽 | 25,000원

초보자도 쉽게 키울 수 있는 인기 과수부터 열대 과수까지 82종 수록. 품종 선택부터 가지치기, 꽃가루받이, 열매솎기, 수확까지, 1240장의 사진과 340개의 그림으로 자세하고 쉽게 알려준다.

내 손으로 직접하는
나무 가지치기

김현정 감수
210×257 | 192쪽 | 19,000원

가지치기는 나무를 심는 목적에 따라 크기를 제한하는 방법이다. 실제 나무 사진과 상세한 가지치기 그림으로 가지를 어떻게 잘라야 할지를 쉽게 설명하여 초보자도 자신있게 가지치기할 수 있다.

GREEN

자연과
함께하는
참살이
그린 라이프

모두를 위한 다육식물 사전
다육식물 715 사전

다나베 쇼이치 감수
190×257 | 176쪽 | 18,000원

일반 원예식물과는 다른 다육식물을 키우기 위해 초보부터 전문가까지 알아야 할 지식을 알기 쉽게 정리했다. 다육식물 관리방법과 재배 기초 지식, 생육형 유형별 관리작업 캘린더, 모아심기 방법과 즐기기 등을 소개한다.

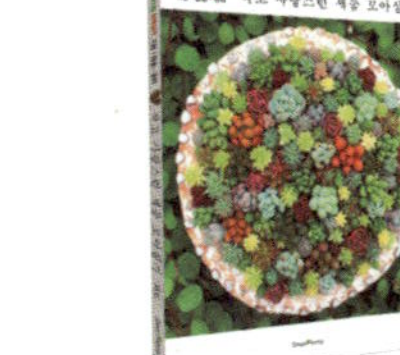

작고 사랑스런
세둠 모아심기

Mai 지음 | 182×230 | 108쪽 | 14,000원

꽃처럼 귀엽고 화려한 다육식물, 세둠! 인스타그램에서 인기몰이 중인 저자가 작고 사랑스러운 세둠 모아심기의 테크닉부터 관리방법까지, 자세히 알려주는 책. 단풍 색깔에 따라 분류한 세둠 도감 44종도 유용하다.

관엽식물 가이드 155

김현정 감수
210×257 | 196쪽 | 19,000원

인테리어 소품으로 생기 넘치는 초록잎을 즐길 수 있는 관엽식물 155종을 소개하는 책. 원하는 식물을 선택하는 방법, 어떤 식물을 어디에 장식하고 어떻게 관리해야 하는지를 자세히 설명한다.

CRAFT

직접 만드는
즐거움
핸드메이드
라이프

한미란의 니트교실
거꾸로 뜨는
톱다운 아이웃

한미란 지음
210×255 | 180쪽 | 19,500원

기본 톱다운 기법보다 한층 업그레이드된 기법을 수록. 초보자도 쉽게 따라할 수 있는 2~9세 아이웃을 도식형도안+서술형도안+동영상(QR코드)으로 상세하고 이해하기 쉽게 설명한다.

한미란의 니트교실
거꾸로 뜨는
톱다운 니팅

한미란 지음
210×255 | 204쪽 | 20,000원

국내 최초 TOP-DOWN SEAMLESS 뜨개 이론 소개. 수록된 모든 뜨개 작품을 QR코드로 연결하여 동영상으로 볼 수 있다. 모든 작품은 처음부터 완성까지 저자가 직접 강의한다.

한미란의 니트교실
코바늘 뜨기
기초부터 마무리

한미란 지음
210×255 | 260쪽 | 19,500원

한미란의 니트교실
대바늘 뜨기

한미란 지음
210×255 | 168쪽 | 17,500원

치즈 소믈리에가 되다

Kubota Keiko 지음
190×257 | 144쪽 | 20,000원
지금 내가 원하는, 손님에게 맞는 치즈는 어떤 것일까? 치즈 소믈리에는 보다 좋은 치즈를 준비하고, 관리하며, 손님이 원하는 치즈를 적확하게 제안하고 서비스하는 전문가다.

프로마제가 알려주는 치즈를 맛있게 즐기는 방법

Fabien DEGOULET 지음
148×210 | 160쪽 | 14,000원
모두가 기다려온 책! 세계 최고의 치즈 장인 콘테스트에서 대상을 수상한 전문 프로마제 파비앙 드구레, 그가 처음 공개하는 맛있는 치즈의 신상식.

르 꼬르동 블루 파티세리

르 꼬르동 블루 지음 | 230×280 | 512쪽 | 58,000원
르 꼬르동 블루 제과학교의 교수진이 가르쳐주는 레시피 100.

라뒤레 마카롱 레시피

라뒤레 지음 | 155×165 | 304쪽 | 10,000원
프랑스 마카롱을 대표하는 라뒤레의 오랜 경험이 담긴 레시피.

피자 바이블

TONY GEMIGNANI 지음 | 216×254 | 320쪽 | 35,000원
월드피자챔피언인 저자가 현장 경험을 바탕으로 쓴 피자 기술서.

칼, 나이프 Knife

Tim Hayward 지음 | 153×234 | 224쪽 | 25,000원
명성 높은 푸드 저널리스트가 직접 모은 전 세계 40종류의 칼 이야기.

셰프가 꿈이라고?

박무현 지음 | 128×188 | 360쪽 | 18,000원
주방의 이상과 현실을 알려주는 선비 셰프의 현실적 조언.

밀가루 물 소금 이스트

KEN FORKISH 지음
203×254 | 272쪽 | 34,000원

겉은 바삭하며, 속은 부드럽고
말랑말랑하게 잘 구워진 최고의
빵과 피자를 만드는 〈켄즈 아티장
베이커리〉의 노하우를 공개한다.
또한 각자의 능력에 맞는 맞춤 레시
피와 자신의 라이프스타일에 맞춰 스
케줄을 조절하는 팁도 제공한다.

빵을 다룰 줄 알면 더 맛있다!
빵 — 취급설명서

이케다 히로아키, 야마모토 유리코 지음
182×257 | 160쪽 | 18,000원

바게트, 식빵, 베이글 등 많이 팔리
는 빵 12종류의 취급설명서.
빵 종류마다 기본 정보, 만드는 방
법, 응용, 자르는 방법, 굽는 방법,
맛있게 먹는 방법을 소개한다.

「바로」 굽는 냉동생지 베이킹

MASAKO TAKAHASHI 지음
190×257 | 96쪽 | 12,000원

냉동생지만 있으면 언제든지
갓 구운 빵을 먹을 수 있다.
폭신폭신 부드러운 빵부터
베이글, 포카치아, 크루아상까지,
주말에 반죽을 만들어놓고
언제든 먹고 싶을 때
꺼내서 굽기만 하면 OK!

아무도 가르쳐주지 않았던
프로가 되기 위한 빵교과서

Makoto Hotta 지음
190×257 | 144쪽 | 17,000원

아무도 가르쳐주지 않았던
프로가 되기 위한 빵교과서
자연발효종

Makoto Hotta 지음
190×257 | 144쪽 | 17,000원

일본에서 소문난 커피명가 〈카페 바흐〉
커피&디저트
다구치 후미코 · 다구치 마모루 지음
190×257 | 212쪽 | 15,000원

일본에서 소문난 커피명가 〈카페 바흐〉의 인기 디저트 메뉴 중 63가지를 엄선하여 중강배전 · 강배전 · 중배전 · 약배전 · 베리에이션 커피와의 어울림을 분석하였고, 사진과 함께 만드는 방법을 소개하였다.

커피 추출의 법칙
다구치 마모루, 코이치 야마다 지음
182×257 | 112쪽 | 14,000원

일본 스페셜티 커피의 명가「카페 바흐」가 50년 실전경험으로 만든 커피 레시피와, 커피 추출의 바탕이 되는 기술과 맛을 컨트롤하기 위한 법칙의 기본을 배울 수 있다. 커피 추출은 커피를 컵에 따라 맛보기 직전 맛을 미세조정하는 마지막 기회이므로 매우 중요한 단계이다.

실패하지 않는
구움과자 레시피

gemomoge 지음
182×257 | 128쪽 | 14,000원

접속자 수 1000만, 팔로워 수 10만을 자랑하며 블로그, 인스타에서 폭발적인 인기를 얻고 있는 구움과자 레시피를 한 권의 책에 담았다. 맛있게 굽는 요령을 알기 쉽게 보여주는 구움과자 가이드. 이제 맛집의 풍미 그대로 집에서 즐겨보자.

가정오븐으로 만드는 홈베이킹
바게트

가정오븐으로 만드는 홈베이킹
식빵

가정오븐으로 만드는 홈베이킹
스펀지생지

Murayoshi Masayuki 지음 | 190×257 | 각권 96쪽 | 각권 12,000원

유명빵집 샌드위치를 내손으로
SANDWICH 106

IWASAKI KEIKO 지음
182×237 | 112쪽 | 12,000원

방금 만든 샌드위치가 가장 맛있다!
바게트, 식빵, 치아바타, 캄파뉴,
크루아상, 베이글, 머핀, 토르티야,
번 등을 이용한 추억의 샌드위치부터
요즘 유행하는 샌드위치 레시피
106가지를 소개.

북유럽 오픈샌드위치

Seibundo Shinkosha 엮음
190×257 | 144쪽 | 15,000원

북유럽의 대표도시 코펜하겐과 스톡
홀름. 그곳에서 인기 있는 유명 레스
토랑의 오픈샌드위치 레시피를 소개
한다. 세계가 주목하는 아름답고도
맛있는 스뫼레브뢰드, 그들이 사랑
하는 오픈샌드위치를 직접 만들어보
고 즐겨보자.

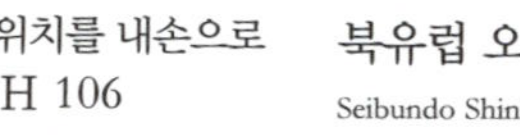

봄, 여름, 가을, 겨울
과일을 맛있게 사랑하는
114가지의 방법

Nakagawa Tama 지음
152×210 | 176쪽 | 14,000원

과일은, 조미료라고 생각하면 요리의
폭이 넓어진다. 설탕이 낼 수 없는
부드러운 단맛, 식초로 낼 수 없는
산뜻한 신맛, 좋아하는 과일로
다채로운 요리를 만들어 행복한
식탁에 올려보자.

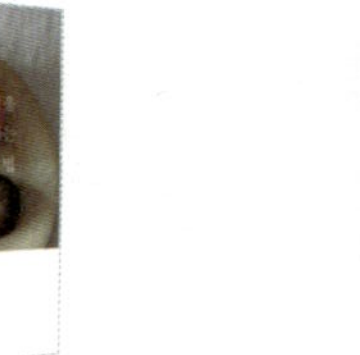

잼과 빵,
마이 오리지널 레시피

Roshan Silva 지음
188×257 | 128쪽 | 14,000원

카페 「라 비 아 라 캄파뉴」에서 누구
나 쉽게 따라할 수 있는 잼과 빵의
심플한 레시피를 소개한다. 과일과
채소의 응축된 감칠맛을 지닌 잼을
요리에 활용하는 레시피도 소개한다.

내 몸이 빛나는 순간, 마이 키토채식 레시피

글 차현주 | 요리 김태형 | 사진 장진모
190×257 | 224쪽 | 19,000원

건강하고 아름다운 다이어트를 위한 채식 기반의 키토제닉 레시피를 소개한다. 소스/드레싱/퓌레/오일/스톡 등의 요리에서 기본이 되는 베이스 레시피와 음료, 베이킹/디저트/로푸드, 찬 요리, 따듯한 요리 등 5개 파트로 구성되어 있다.

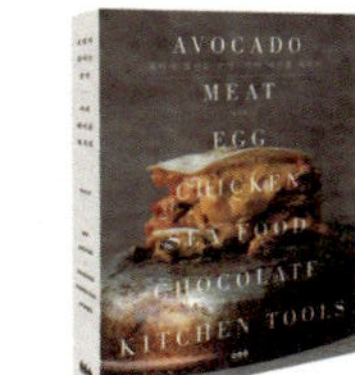

요리가 빛나는 순간 마이 테이블 레시피

박수지 지음
189×254 | 368쪽 | 17,000원

카테고리가 잘 진열된 레시피북이기 보다는 마음이 따뜻해지는 요리와 그 요리에 대한 추억이 담긴 요리책. 저자가 좋아하는 식재료 아보카도, 고기, 달걀, 치킨, 해산물, 토마토, 초콜릿 등 7개를 선정하여 그 재료로 만든 다양한 레시피를 소개.

플레이팅 디저트

Matsushita Yusuke 지음
190×257 | 248쪽 | 20,000원

바로 만들어서 멋스럽게 접시에 담아 즐기는 플레이팅 디저트. 이 책에서는 26종류의 플레이팅 디저트를 어떻게 매력적으로 구성하는지, 어떻게 조화롭게 디자인하는지, 어떻게 맛있게 만드는지, 사진과 함께 소개한다.

일본 카레요리 전문셰프 8인의 도쿄東京카레

Tokyo Curry Bancho 지음
210×260　116쪽 | 13,500원

일본 각지를 돌아다니며 이벤트를 통해 카레요리를 제공하는 'Tokyo Curry Bancho'의 루 카레 레시피를 모아놓은 책. 루 카레 간드는 비법과 여러 가지 궁금증도 시원하게 풀어준다.

수비드 요리

세상에서 가장 친절하고 맛있는
저온조리 레시피

와키 마사요 지음
190×257 | 112쪽 | 15,000원

조작이 간편한 스틱형이 등장하면서 집에서 수비드 요리를 만들어 즐기는 가정이 점차 늘고 있다. 집밥부터 스테이크, 브런치, 디저트까지 활용도 높은 레시피를 「온도+시간」과 함께 소개한다.

THE 상남자 BBQ 레시피 77

OKANO EISUKE 지음
148×210 | 128쪽 | 14,000원

상남자의 BBQ는 「간단하다」, 「맛있다」, 「재료활용 끝판왕」으로 정의할 수 있다. 캠핑 메뉴의 기본인 스테이크부터 시꺼멓게 태워서 만드는 색다른 메뉴까지, 술꾼은 물론 여럿이 함께해도 괜찮은 BBQ 레시피를 소개한다.

인기베스트 104

언제나, 나의 집밥

Harumi Kurihara 지음
210×257 | 120쪽 | 13,000원

일본의 유명 요리연구가 구리하라 하루미의 인기메뉴를 소개한 레시피북! 같은 메뉴로도 더 쉽게, 「더 맛있게」 만들 수 있는 맛의 순열과 비법을 알려준다. 늘 먹는 집밥과 밑반찬부터 손님맞이 요리와 간식까지, 만들기 쉽고 맛있는 레시피가 가득하다.

TABLE OGINO 채소요리200

OGINO SHINYA 지음
190×257 | 268쪽 | 20,000원

〈TABLE OGINO〉는 농가에서 보내온 채소를 받으면, 그때그때의 제철과 상황에 맞게 요리를 만드는 컨셉으로 운영되는 레스토랑이다. 이 책에서는 〈TABLE OGINO〉의 요리 중 인기인 200가지를 소개한다.

다시의 기술

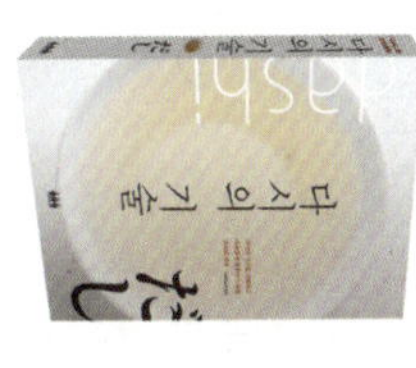

시바타쇼텐 엮음
182×257 | 216쪽 | 28,000원

「조리기술」과 이를 통해 얻는
「풍미」 성분과 식품 구조의 변화,
그리고 그 변화를 느끼는 「감각」의
과학을 이해해야 요리의 본질을 알고
자유자재로 디자인할 수 있다.
「다시의 달인」 일식셰프 7인에게
74가지 다시와 관련 요리를 배우고,
그 원리를 이해해보자.

숙성육의 기술

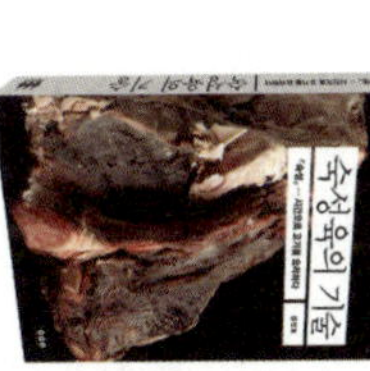

정건호 지음
190×257 | 248쪽 | 25,000원

드라이에이징은 고기 특유의 풍미와
부드러운 육질을 만들어내기 위해
고기를 공기 중에 그대로 노출한 채
냉장상태로 저장하는 방식.
즉 숙성하면서 썩지 않게 하는
고도의 기술과 노하우가 필요하며,
때문에 좋은 숙성육은 시간으로
만드는 가장 훌륭한 요리이다.

양고기 요리

시바타쇼텐 엮음
190×257 | 272쪽 | 32,000원

다양한 양고기 요리의 보급으로
수요가 증가하고 있는 양고기.
이 책에서는 프랑스, 이탈리아,
중국, 영국, 몽골, 인도,
아프가니스탄, 모로코 등, 전 세계의
양고기 레시피 135가지와 해체·
손질·굽기의 기술 등 양고기 다루는
방법을 함께 소개한다.

카레의 기술 「향신료 카레편」

Jinsuke Mizuno 지음
190×257 | 216쪽 | 20,000원

카레=건더기 재료+소스(베이스,
육수, 숨은 맛)+향신료.
「3요소 5아이템」×「황금법칙」으로
카레는 완성된다. 저자가 독자
개발한 향신료 메소드를 따르면
누구나 능숙하게 향신료를
블렌딩할 수 있다.

손질부터 굽기까지 재료별 숯불구이의 비밀
굽기의 기술

오쿠다 도루 지음
190×257 | 184쪽 | 22,000원

숙련된 기술이 필요한 숯불구이의 전문 기술과 재료별 굽기 방법을 설명한 숯불구이를 위한 기술서. 숯불구이에 필요한 기본적인 지식을 시작으로 어패류와 육류 등 다양한 재료를 숯불로 굽는 방법을 현장감 가득한 과정 사진과 함께 자세히 설명하였다.

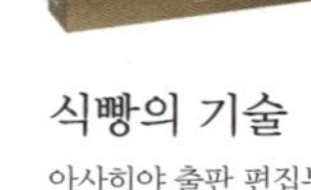

식빵의 기술

아사히야 출판 편집부 엮음
182×257 | 184쪽 | 23,000원

맛있는 식빵으로 소문난 일본의 유명 베이커리 21곳에서 만든 식빵의 종류별 배합과 만들기 노하우를 소개한 책. 틀에 반죽을 넣고 뚜껑을 덮어 사각형으로 굽는 사각식빵 20종과 윗면을 자연스럽게 부풀려서 굽는 산형식빵 20종의 레시피와 특별한 비법을 알려준다.

정통 프렌치 셰프의 굽기 테크닉
고기굽기의 기술

Kawate Hiroyasu 지음
190×257 | 204쪽 | 23,000원

고기굽기로 정평이 난 프렌치 레스토랑 〈Florilège〉의 Kawate Hiroyasu 셰프가 모든 고기 종류를 총망라하여 종류별 부위별 굽기 방법과 비결을 알아보기 쉽게 트리밍한 사진과 함께 자세히 알려준다.

마리네이드 기술과
마리네이드 요리 91
마리네이드의 기술

190×257 | 208쪽 | 23,000원

마리네이드란 무엇이며, 요리나 식재료에 따라 어떤 마리네이드 재료를 선택할지, 어떤 방법으로 마리네이드할지, 현장에서 일하는 셰프의 실전요리를 통해 배울 수 있다.

접시 위의 디자인 감각을 키워주는

플레이팅 교과서 플레이팅의 기술

Machiyama Chiho 지음
185×247 | 192쪽 | 20,000원

플레이팅은 음식의 맛을 좌우하는 중요한 요소이다. 이 책은 전통과 감성에만 의지하는 기준의 플레이팅에서 벗어나 시각에 의한 심리감정과 디자인의 기본 요소를 바탕으로 한, 새로운 플레이팅의 기술을 알려준다.

프로에 가까워지는

소스의 기술

Masaru Kamikakimoto 지음
152×225 | 304쪽 | 30,000원

프렌치요리는 물론 모든 요리의 기본이 되는 <40가지 홍과 쥐+185가지 소스>의 만드는 방법과 사용방법, 응용, 보관 등 소스에 대한 모든 것을 알려준다. 자신에게 맞는 활용도 높은 소스를 찾을 수 있도록 도와주는 유용한 길잡이가 되어줄 것이다.

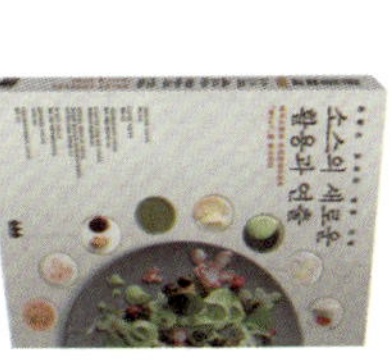

프랑스 요리의 응용 기법

소스의 새로운 활용과 연출

현대프랑스요리연구회 엮음
210×290 | 144쪽 | 20,000원

인기 프렌치 셰프의 오리지널 소스를 시간, 모양, 프레젠테이션에 초점을 맞춰서 해설하여, 「소스 만들기」의 의도를 이해하는 책, 소스 중심으로 요리를 분석하는 부분과 상세 레시피로 구성되어 있다.

손질부터 조리까지 자세히 알려주는

닭 요리의 기술

시바타쇼텐 엮음
214×257 | 232쪽 | 29,000원

프랑스, 이탈리아, 일본, 중국 등 4개국 요리를 전문으로 하는 4인의 셰프가 가르친 닭고기로 손질 방법부터 육수 내는 방법, 닭고기로 만드는 여러 가지 정통요리와 참신한 아이디어로 새롭게 만든 부위별 닭요리 등 닭요리의 모든 것을 자세히 알려준다.

스시의 기술

일류 스시장인에게 배우는

스시의 기술

메구로 히데노부 지음
190×257 | 316쪽 | 38,000원

생선 손질법과 쓰는 법, 초대리 쓰는 법, 샤리 만드는 법, 스시 쥐는 법 등의 기초지식과 90여 종의 각종 어패류 정보와 손질법을 과정마다 사진과 함께 자세히 설명하고, 일본 전통 스시에 대한 지식까지 담았다.

스시 사이언스

스시 사이언스

조지나 미토세 지음
182×251 | 240쪽 | 38,000원

초밥에 재료를 얹어 만드는 간단한 작업으로 보이지만 재료를 고르는 법, 기리즈케(자르기), 스시용 밥, 니기리(쥐기) 등에는 스시 장인의 기술이 축적되어 있다. 이 책은 생선의 사후경직 등 어려울 수 있는 과학적 지식을 그림과 도표, 사진 등으로 알기 쉽게 설명한다.

튀김의 기술

일본 최고의 튀김 명인에게 배우는

튀김의 기술

곤도 후미오 지음
190×257 | 232쪽 | 33,000원

일본의 튀김명가 〈덴푸라 곤도〉의 주인인 곤도 후미오가 오랜 시간 갈고닦은 기술과 맛을 한 권의 책으로 정리한 튀김 기술서의 결정판. 칼로리는 월등히 낮고 맛은 월등히 뛰어난 새로운 튀김을 소개한다.

파스타의 기술

프로를 위한 파스타의 기술

파스타의 기술

Nishiguchi Daisuke · Koike Noriyuki · Sugihara Kazuyoshi 지음
190×257 | 272쪽 | 31,000원

이 책에 나오는 파스타는 생면과 건면을 합쳐서 모두 112종이며, 여러 가지 재료나 소스와 매칭하여 모두 152종의 파스타요리를 선보인다. 또한 반죽 만들기, 성형방법, 소스와 조합하는 방법 등 파스타에 대한 모든 것을 1권으로 총망라하였다.

몰트, 물, 홉, 효모의 마법
맥주는 어렵지 않아

Guirec Aubert 지음
185×240 | 192쪽 | 25,000원

그림과 함께 배우는 맥주 입문서로 몰트, 물, 홉, 효모 등 맥주의 맛과 성질에 영향을 미치는 다양한 요인들을 자세하게 설명한다. 또한 다양한 맥주 스타일을 결정하는 〈맛, 거품, 쓴맛, 당도, 알코올 도수〉를 도표로 알기 쉽게 정리하였다.

럼은 어렵지 않아

Mickaël Guidot 지음
185×240 | 192쪽 | 25,000원

럼을 스트레이트로도 칵테일로도 제대로 즐기고 싶다면 꼭 읽어야 할 입문서. 세계적인 럼 브랜드와 마르티니크 AOC 럼은 물론, 럼을 음식과 매칭하는 방법과 티펀치, 피냐 콜라다, 모히토, 다이키리, 마이타이, 쿠바 리브레 등 전설적인 럼 베이스 칵테일의 레시피를 배울 수 있다.

요리는 어렵지 않아

Arthur Le Caisne 지음
185×240 | 240쪽 | 26,000원

700가지나 되는 요리에 관한 궁금하고 재미있는 질문과 의외의 답변이 가득한 조리과학 입문서. 조리기구와 기본 식재료부터 가열조리에 이르기까지 진실로 알고 있던 잘못된 요리 습관을 바꿀 수 있게 도와준다. 아마추어부터 프로까지 그림과 함께 배우면서 요리가 더욱 즐거워질 것이다.

티는 어렵지 않아 - 티소믈리에
TEA SOMMELIER

François-Xavier Delmas · Mathias Minet 지음
195×250 | 224쪽 | 32,000원

프랑스 프리미엄 TEA 브랜드 〈르 팔레 데 테〉를 단든 저자가 차에 관한 이론과 실제의 모든 것을 알려준다. 페이지마다 스타일리시한 일러스트와 함께 차의 종류와 재배지에 대한 정보부터 차와 요리의 페어링, 요리에 이용하는 방법 등을 160가지 즈제로 나누어 설명하였다.

와인은 어렵지 않아

Ophélie Neiman 지음
185×240 | 280쪽 | 29,000원

4년만에 증보개정판 출간! 시대 흐름에 발맞춰 최신 정보로 재무장한 얼고 레이드먼이 무려 64page를 보강하여 새롭게 출발하였다. 내추럴와인, 오렌지와인, 빼춘 숨겨논 분들 와인과 관계있는 유명 인물도 소개한다. 또한, 무엇을 배웠느지 와인지식도 셀프로 테스트할 수 있다.

커피는 어렵지 않아

Chung-Leng Tran & Sébastien Racineux 지음
185×240 | 192쪽 | 25,000원

커피를 제대로 즐기고 싶다면 꼭 봐야할 책. 원두 보관, 추출, 블렌딩, 로스팅, 시음, 커피머신 고르는 방법, 라테아트 만드는 방법부터 커피 제배와 생산 정보까지 커피의 모든 것을 그림과 함께 쉽게 설명한다.

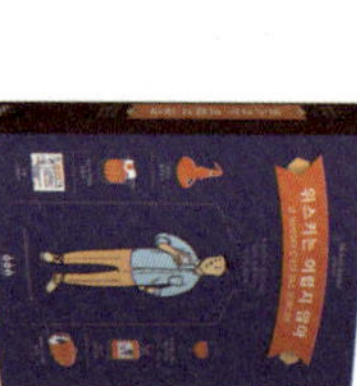

위스키는 어렵지 않아

Mickaël Guidot 지음
185×240 | 192쪽 | 25,000원

위스키의 모든 것을 처음 위도 있는 그림과 함께 알기 쉽게 설명해주는 위스키 입문서. 블렌딩부터 방임까지 위스키 제조와 관련된 여러 가지 정보는 물론, 시음 방법, 구입 요령, 음식과 매칭하는 방법, 위스키로 만드는 각테일 레시피, 세계의 위스키 산지 소개 등 유용한 정보가 가득하다.

칵테일은 어렵지 않아

Mickaël Guidot 지음
185×240 | 216쪽 | 25,000원

칵테일의 매력은 전혀 어울릴 것 같지 않은 재료들이 만나 탄생시키는 섬세한 풍미의 조합에 있다. 또한 미숙련지 과정을 통해 맛보는 시각적인 즐거움도 빼놓을 수 없다. 이 책은 칵테일의 모든 것을 그림과 함께 알기 쉽게 가르쳐준다.

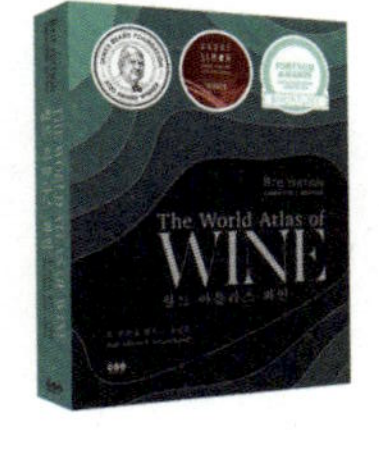

월드 아틀라스 와인

휴 존슨 & 잰시스 로빈슨 지음
229×292 | 416쪽 | 75,000원

1971년 처음 등장하여 와인분야 출판의 랜드마크가 된 『The World Atlas of Wine』은 명확하고 정교하게 제작된 지도를 와인과 와인이 주는 즐거움과 최초로 결합시킨 와인지도백과이다. 와인산지명에 등고선 등 고유한 그래픽 설명을 부여한 것이 특징.

세계의 내추럴 와인

FESTIVIN 엮음
185×240 | 272쪽 | 25,000원

가능한 한 아무것도 더하지 않고, 아무것도 빼지 않는다. 자연의 법칙을 거스르지 않고 만드는, 포도 그 자체를 농축시킨 맛. 내추럴 와인은 어떻게 만들어지고, 생산자는 그 안에 어떤 마음을 담았을까?

세계의 비즈니스 엘리트가 알아야 할
교양으로서의 와인

와타나베 준코 지음
130×188 | 248쪽 | 17,000원

세계 표준의 최강 비즈니스 툴인 『와인』에 관한 지식을 뉴욕 크리스티스의 아시아인 최초 와인 스페셜리스트가 알기 쉽게 해설한다. 이 한 권으로 비즈니스맨으로서 최소한 익혀야 할 와인 지식을 거의 커버할 수 있을 것이다.

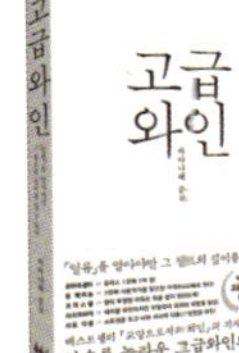

고급와인

와타나베 준코 지음
138×210 | 256쪽 | 17,000원

전 세계에 알려져 있는, 와인을 깊이 알기 위해 반드시 필요한 『고급와인』에 대한 지식을 이 한 권에 담았다. 각 지역을 대표하는 고급와인 약 150종의 실물사진을 실어 직접 눈으로 확인할 수 있다.

세계의 정통레시피와 계절별 응용레시피
**샌드위치,
어떻게 조립해야 하나?**
NAGATA YUI 지음
190×257 | 240쪽 | 16,000원

세계 7개국과 2개 지역에서
25가지 샌드위치 메뉴를 골라
유래와 만드는 방법을 알려주고,
계절별 응용 방법도 설명한다.

NEW

**[생채소×빵] 샌드위치,
어떻게 조립해야 하나?**
NAGATA YUI 지음
190×257 | 192쪽 | 18,000원

신선 채소와 다양한 식재료를 조합하
여 만드는 샌드위치 조립 노하우.
생채소를 제대로 자르고, 맛을 내고,
소스와 다른 식재료를 조합하여,
알맞은 순서로 조립하면 완벽한 샌드
위치를 만날 수 있다.

NEW

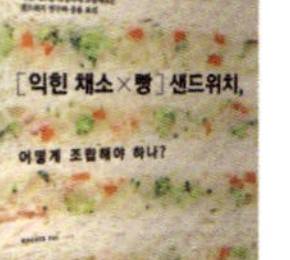

**[익힌 채소×빵] 샌드위치,
어떻게 조립해야 하나?**
NAGATA YUI 지음
190×257 | 192쪽 | 18,000원

채소는 조리법에 따라 식감이 크게 달
라지므로 다양한 식재료와 조합하여
색다르게 즐길 수 있다. 활용도 높은
기본 소스와 드레싱, 샌드위치를 위한
빵과의 조합, 익힌 채소가 주인공인
세계의 요리를 소개한다.

**햄버거,
어떻게 조립해야 하나?**
TOMOHIKO SHIRANE 지음
190×257 | 208쪽 | 18,000원

일본에서 독자적으로 진화한
「수제버거」의 세계를 풍부한 재료와
분석적 오퍼레이션으로 소개한다.
또한 도쿄 최고의 수제버거 맛집
9곳의 햄버거 철학과 조리 비법을 소
개한다.

COOKING

최신 트렌드의
요리와
안전한
먹을거리

Yuko Hama 지음
185×247 | 208쪽 |
25,000원

시각효과로 보는 디자인과 조합의 기초와 응용

테이블 코디네이트의 아이디어와 기술

멋진 테이블 코디네이트를 하기 위해서는 확실한
지식과 기술을 갖고 있는 것이 전제되어야 한다.
이 책에서는 감성에만 의존하지 않고,
유행에 좌우되지 않으며, 어떤 시대에도
사용할 수 있는 테이블 코디네이트의
보편적인 이론과 기법, 노하우, 아이디어를
시각효과의 관점에서 체계적으로 설명한다.

Yasu Kakegawa 지음
185×240 | 184쪽 |
25,000원

초보자부터 마니아까지 그림과 함께 배우는 차 입문서

차는 어렵지 않아

서양의 홍차를 중심으로 소개한 『티는 어렵지 않아_
티 소믈리에』 에 이어 동양의 차를 중심으로
차를 폭넓게 다룬 9번째 〈어렵지 않아〉 시리즈.
차의 종류와 효능부터 차를 수확하는 과정,
시음 방법, 음식과의 페어링까지,
차에 대한 모든 것을 그림과 함께
쉽고 재미있게 배울 수 있다.

GREEN COOK
GREEN HOME

시각효과로 보는
디자인과 조합의 기초와 응용

테이블 코디네이트의 아이디어와 기술

쉽게 알 수 있는 채소·허브 병해충 119

네모토 히사시 | 根本久
요네야마 신고 | 米山伸吾
장광진 번역
정영호 감수

Green Home

들어가기 전에

농약 피해나 환경호르몬 등의 보도를 접하면 가족들이 먹는 농산물만큼은 안전한 것으로 준비하고 싶어진다. 그래서 슈퍼마켓의 유기농산물 코너에 많은 먹거리가 진열되어 있지만 막상 사려면 의혹을 떨칠 수가 없다. 집에서 키우는 채소는 안전하다는 생각에 무농약으로 재배하면 병해충이 발생해서 상품성 있는 농산물이 되기 어렵다는 것도 잘 알고 있다.

병해충의 피해는 단순하게 작물과 병해충과의 1대 1의 관계로 결정되는 것이 아니고, 작물−병해충−환경의 삼각관계로 결정된다. 예를 들어 습한 환경에서 생기는 곰팡이는 통풍이 잘 되어 습도가 떨어질 때는 발생이 억제된다. 병이 발생하기 쉬운 환경에서는 살균제를 사용해도 효과가 별로 없다. 농약을 사용하기 전에 병해충이 잘 발생하지 않는 환경을 만들어 예방하는 것이 중요하다.

이 책은 작물의 방제 약제를 다루었지만 등록된 농약이 없어(독극물은 제외) 약제명을 기재하지 않은 항목도 있다. 또한 등록 약제 중에는 일반인이 구하기 힘든 것도 있다. 그러나 구하기 힘들어도 안전한 약제는 소개하였다. 천적의 이용 방법이나 섞어심기로 방제하는 방법도 소개하였다. 이 책으로 안전하게 안심하며 먹을 수 있는 채소와 허브를 재배하는 재미를 느껴보기 바란다.

글쓴이 네모토 히사시(根本久) · 요네야마 신고(米山伸吾)

손자병법에 "지피지기(知彼知己) 백전불패(百戰不敗)"라는 말이 있다. 식물재배에서도 성공하려면 무엇보다 병해충을 먼저 알아야 한다. 이 책은 이 당연한 원리에 쉽게 접근하게 해준다. 번역을 하며 우리나라에 등록되어 있지 않은 농약은 기재하지 않았다. 그것은 병해충을 이해하고 예방하여 환경농법에 접근하자는 원저자의 뜻이기도 하다.

옮긴이 장광진

contents 쉽게 알 수 있는 채소·허브 병해충 119

Part 1 채소편

contents

Part 2 허브편

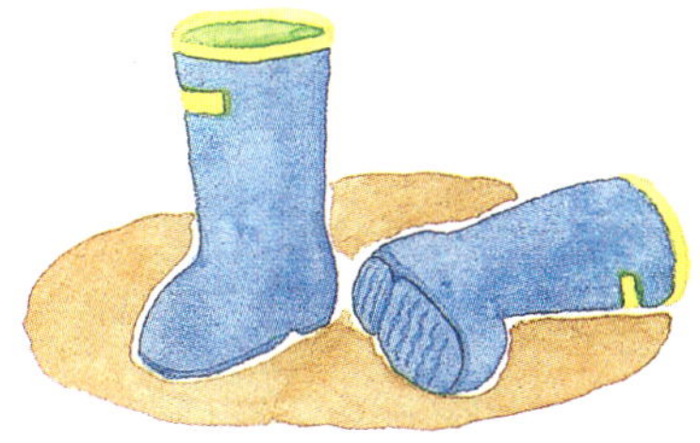

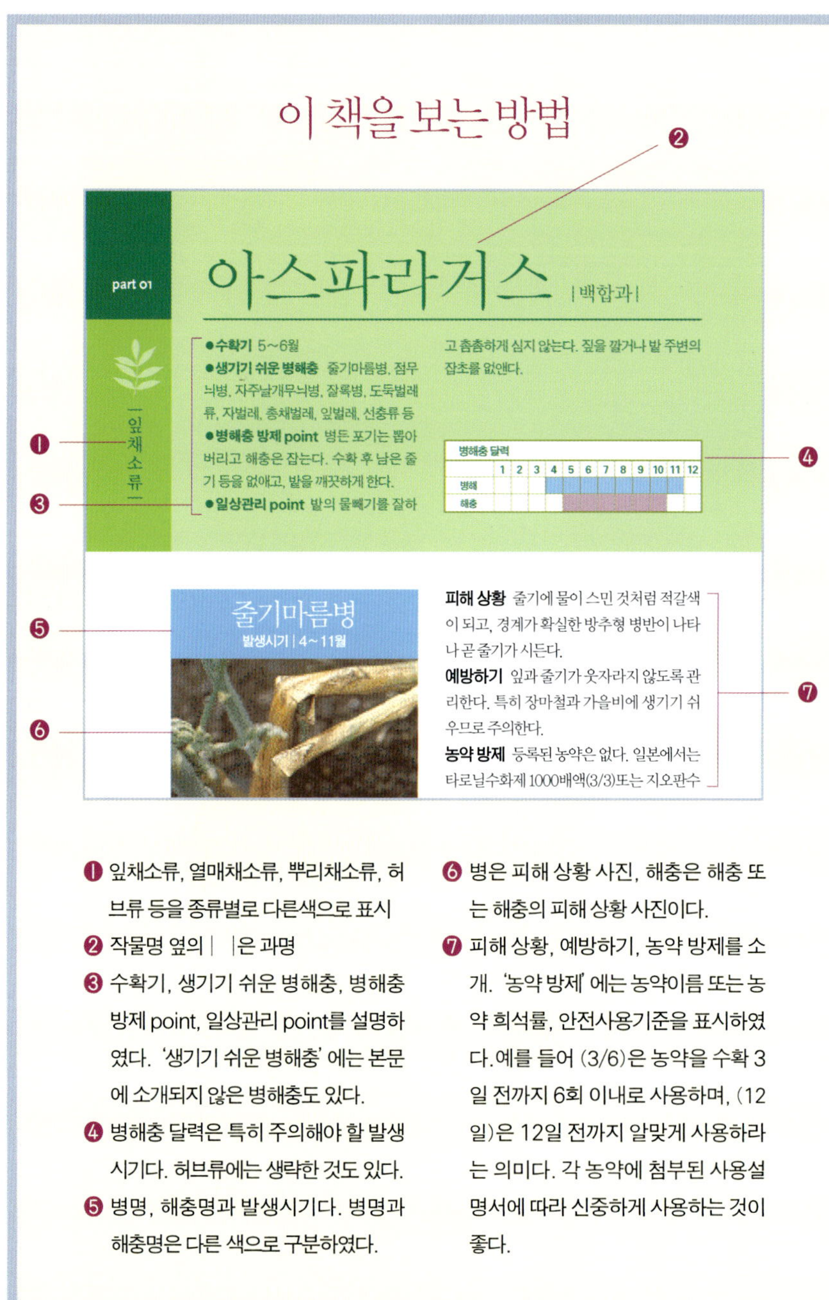

❶ 잎채소류, 열매채소류, 뿌리채소류, 허브류 등을 종류별로 다른색으로 표시

❷ 작물명 옆의 | |은 과명

❸ 수확기, 생기기 쉬운 병해충, 병해충 방제 point, 일상관리 point를 설명하였다. '생기기 쉬운 병해충'에는 본문에 소개되지 않은 병해충도 있다.

❹ 병해충 달력은 특히 주의해야 할 발생시기다. 허브류에는 생략한 것도 있다.

❺ 병명, 해충명과 발생시기다. 병명과 해충명은 다른 색으로 구분하였다.

❻ 병은 피해 상황 사진, 해충은 해충 또는 해충의 피해 상황 사진이다.

❼ 피해 상황, 예방하기, 농약 방제를 소개. '농약 방제'에는 농약이름 또는 농약 희석률, 안전사용기준을 표시하였다. 예를 들어 (3/6)은 농약을 수확 3일 전까지 6회 이내로 사용하며, (12일)은 12일 전까지 알맞게 사용하라는 의미다. 각 농약에 첨부된 사용설명서에 따라 신중하게 사용하는 것이 좋다.

병해충은 어디에 나타나는가

1. 병해충이 나타나는 부위 체크!

정성을 다해 기른 작물을 병해충으로부터 보호하기 위해서는 작물을 부지런히 관찰하여 병해
충을 조기에 발견하는 것이 중요하다. 병해충의 종류, 증상은 여러 가지이지만 각각의 작물은
①~⑮(병해편), ①~⑮(해충편)의 체크포인트는 거의 같은 증상을 나타낸다. 각각의 체크포
인트에 나타나는 증상을 통해 정확하게 병해충을 진단한다.

병해편

check point

① 꽃과 잎에 모자이크 모양이나 반점이 있다. ┈┈▷ 모자이크병

② 잎에 점무늬가 있다. 또는 잎이 빨리 떨어진다. ┈┈▷ 점무늬성 병

③ 꽃, 열매, 잎 등이 썩고, 회색곰팡이가 생긴다. ┈┈▷ 잿빛곰팡이병

④ 잎, 줄기, 열매 등에 갈색 큰 반점이 나타나고 줄기가 마른다. ┈┈▷ 역병

⑤ 잎에 각진 황색 긴 병반이 나타나고, 잎 뒷면에는 어둡거나 흰 곰팡이가 생긴다. ┈┈▷ 노균병

⑥ 잎에 흰가루가 생기고, 잎이 기형으로 시든다. ┈┈▷ 흰가루병

⑦ 잎 뒷면에 황색 또는 흑갈색의 둥글게 부푼 작은 반점이 생긴다. ┈┈▷ 녹병

⑧ 잎의 반 정도가 누렇게 변하고, 줄기의 반쪽이 시든다. ┈┈▷ 반신위조병

⑨ 잎 둘레에 기름얼룩과 같은 반점이 생긴다. ┈┈▷ 점무늬세균병

⑩ 뿌리나 땅 닿은 부분이 흐물흐물하게 부패하여 악취가 난다. ┈┈▷ 무름병

⑪ 본잎이 2~3장 정도 생겼을 때, 잎이 시들고 줄기가 쓰러져 마른다. ┈┈▷ 모잘록병

⑫ 뿌리에 여러 개의 작은 혹이 생긴다. ┈┈▷ 뿌리혹병

⑬ 땅 닿은 줄기나 뿌리가 갈색으로 부패하여 무른다. ┈┈▷ 잘록병

⑭ 뿌리가 갈색으로 부패하고, 뿌리나 줄기를 자르면 관다발이 갈색으로 변해 있고, 잎줄기가
시든다. ┈┈▷ 덩굴쪼김병, 시들음병

⑮ 뿌리가 갈색으로 부패하고, 뿌리나 줄기를 자르면 관다발이 갈색으로 변해 있고, 그곳에서
흰 즙이 흐르며, 잎과 줄기가 시든다. ┈┈▷ 풋마름병

check point

❶꽃, 열매, 새싹 등에 구멍을 내면서 갉아먹는다. ⋯⋯▷ 고구마벌레류, 털벌레류, 풍뎅이류의 성충

❷열매 내부에 침입하여 열매를 갉아먹는다. ⋯⋯▷ 담배나방, 왕담배나방

❸꽃, 열매, 새싹 등에 벌레가 있다. ⋯⋯▷ 진딧물류, 총채벌레류

❹싹이 순멎음하거나, 새잎이나 꽃이 변색 또는 변형되어 있다. ⋯⋯▷ 총채벌레류, 먼지응애류

❺줄기 속을 나방이 갉아먹고 있다. ⋯⋯▷ 머위명나방, 박쥐나방

❻꽃이나 잎에 불규칙한 구멍이 있다. 광택의 흔적이 남아 있다. ⋯⋯▷ 민달팽이

❼잎이나 줄기에 벌레가 있다. ⋯⋯▷ 진딧물류, 잎응애류, 온실가루이류, 총채벌레류

❽잎에 불규칙한 흰색 힘줄이 나타난다. ⋯⋯▷ 굴파리류

❾잎이나 줄기 표면에 갉아먹은 흔적이 있다. ⋯⋯▷ 고구마벌레류, 털벌레류

❿잎이나 줄기에 그을음 모양의 곰팡이가 생긴다. ⋯⋯▷ 진딧물류, 가루이류

⓫뿌리가 깎여 있거나 작은 구멍이 있다. ⋯⋯▷ 풍뎅이류, 잎벌레, 바구미 등의 유충과 북방풀 노린재

⓬땅 닿은 부분이 깎였거나 잘라져 있다. ⋯⋯▷ 거세미나방, 검거세미밤나방

⓭뿌리가 썩고 있다. ⋯⋯▷ 뿌리썩이선충

⓮뿌리에 벌레혹이 있다. ⋯⋯▷ 뿌리혹선충

①
②
③
④
⑤
⑥
⑦
⑧
⑨
⑩
⑪
⑫
⑫
⑬
⑭

2. 병해충과 착각하기 쉬운 증상

채소를 포함한 식물은 일반적으로 땅 속에 뿌리를 길게 뻗어 생활한다. 이런 식물에게는 토양의 영양분이 건강에 커다란 영향을 준다. 토양의 좋고 나쁨에 따라 식물에 여러 가지 증상이 나타난다. 식물에 나타나는 병해충과는 다른 증상을 살펴보자.

O1 질소(N)

|부족한 경우| 증상은 아래쪽 잎부터 나타난다. 뿌리의 발달이나 생장이 늦다. 열매채소류는 열매의 성장이 늦어지고 수량이 감소한다. 잎채소류는 생장이 나쁘고, 오래된 잎이나 아래쪽 잎부터 누렇게 변하고 생장이 나쁘다.

|많은 경우| 작물의 잎이 웃자라고 잎 색깔이 암록색으로 짙어지며, 줄기가 매우 연약하게 자란다. 모종은 땅 위 부분을 지탱하기 힘들어 쓰러지기 쉽다. 병해충이 생기기 쉽고, 추위에 약하다.

O2 인산(P)

|부족한 경우| 증상은 아래쪽 잎부터 나타난다. 아래쪽 잎이 붉은 띠를 이루며 누렇게 변하고 생육이 약해진다.

|많은 경우| 너무 지나쳐서 생기는 해는 작물에 잘 안 나타나지만, 철·아연·구리 등의 흡수를 방해한다.

O3 칼륨(K)

|부족한 경우| 생장이 늦고 증상은 아랫잎부터 나타난다. 아랫잎의 잎맥 사이에 반점이 생기고, 녹색이 누렇게 변한다.

|많은 경우| 칼슘과 마그네슘의 흡수를 억제하여 결핍증이 나타난다.

O4 칼슘(Ca)

|부족한 경우| 새싹이나 새잎에 증상이 나타나서 끝부분이 백화되고 갈변하여 말라 죽는다. 뿌리 표면에 코르크층이 생긴다. 토마토나 가지의 끝이 썩거나 배추, 양파, 셀러리의 싹이 썩는다.

|많은 경우| 너무 지나쳐서 생기는 해는 잘 나타나지 않지만, 칼륨이나 마그네슘의 흡수를 억제한다.

O5 마그네슘(Mg)

|부족한 경우| 잎맥 사이가 그물코형으로 누렇게 변한다. 엽록소 형성을 방해한다.

|많은 경우| 생육을 방해한다.

O6 붕소

|부족한 경우| 순멎음하거나 시든다.

|많은 경우| 녹색 잎이 누렇게 변하거나 갈색이 된다.

채소편

잎채소류, 열매채소류, 뿌리채소류로 분류하고,
병명, 해충명은 색으로 구분하였다.

아스파라거스 |백합과|

●**수확기** 5~6월

●**생기기 쉬운 병해충** 줄기마름병, 점무늬병, 자주날개무늬병, 잘록병, 도둑벌레류, 자벌레, 총채벌레, 잎벌레, 선충류 등

●**병해충 방제 point** 병든 포기는 뽑아 버리고 해충은 잡는다. 수확 후 남은 줄기 등을 없애고, 밭을 깨끗하게 한다.

●**일상관리 point** 밭의 물빼기를 잘하고 촘촘하게 심지 않는다. 짚을 깔거나 밭 주변의 잡초를 없앤다.

병해충 달력												
	1	2	3	4	5	6	7	8	9	10	11	12
병해				■	■	■	■	■	■	■		
해충					■	■	■	■	■	■		

피해 상황 줄기에 물이 스민 것처럼 적갈색이 되고, 경계가 확실한 방추형 병반이 나타나 곧 줄기가 시든다.

예방하기 잎과 줄기가 웃자라지 않도록 관리한다. 특히 장마철과 가을비에 생기기 쉬우므로 주의한다.

농약 방제 등록된 농약은 없다. 일본에서는 타로닐수화제 1000배액(3/3)또는 지오판수화제 1000배액을 수확 후에 뿌린다.

피해 상황 전형적인 자벌레로 새싹, 잎, 줄기 등을 갉아먹는다. 녹색 또는 연한 갈색 등 2종류가 있고, 여름에는 계속 발생한다.

예방하기 유충을 보는 대로 잡는 것이 효과적이다.

농약 방제 등록된 농약은 없다. 일본에서는 열점박이무당벌레에 사용하는 피리포 유제 1000배액(7/2), 또는 테프루벤주론 유제 2000배액(전날/2)을 뿌린다.

파총채벌레 피해
발생시기 | 5~11월

피해 상황 잎이나 줄기의 표면에 해를 입히고, 줄기에는 찰과상같은 갉아먹은 자국이 보인다. 고온, 건조, 비가 자주 올 때 많이 생긴다.

예방하기 고온 건조를 좋아하므로 잎에 물 주기하여 발생을 예방한다.

농약 방제 등록된 농약은 없다. 일본에서는 잎벌레에 사용하는 피리포 유제 1000배액(7/2)을 뿌려서 동시에 방제한다.

열점박이무당벌레
발생시기 | 4~10월

피해 상황 싹이나 줄기의 겉껍질을 갉아먹는다. 해를 입은 줄기는 휘어져서 품질이 떨어진다. 산간 한랭지에 많이 생긴다. 성충은 낮에 날아와서 해를 입힌다.

예방하기 발생했을 때 성충을 잡는 것이 매우 효과적이다. 아스파라거스를 수확한 후 방제한다.

농약 방제 등록된 농약은 없다. 일본에서는 피리포 유제 1000배액(7/2)을 뿌린다.

담배거세미나방
발생시기 4~11월

피해 상황 새싹이나 잎 등을 갉아먹는다. 알에서 금방 깨어난 유충은 2령까지 집단으로 해를 입힌다. 흩어진 유충은 잎을 갉아먹는다.

예방하기 유충을 보는 대로 잡는 것이 효과적이다.

농약 방제 등록된 농약은 없다. 일본에서는 잎벌레에 사용하는 피리포 유제 1000배액(7/2)이나 테프루벤주론 유제 2000배액(전날/2)을 뿌린다.

딸기 |장미과|

- **수확기** 5～6월
- **생기기 쉬운 병해충** 위황병, 뿌리썩음병, 윤반병, 잿빛곰팡이병, 흰가루병, 탄저병, 진딧물류, 잎응애류, 도둑나방류, 풍뎅이류, 선충류, 민달팽이류, 쥐 등
- **병해충 방제 point** 수확기에는 유인제를 뿌려 민달팽이를 예방한다. 제주직박구리 등 새의 피해가 클 수도 있으므로 망 등을 설치한다.
- **일상관리 point** 건강한 모종을 이용하고, 물빠짐이 좋게 하며, 땅 위에는 검은 비닐로 바닥덮기를 한다.

병해충 달력		1	2	3	4	5	6	7	8	9	10	11	12
	병해												
	해충												

피해 상황 작은 잎 3장 중 1~2장의 잎 끝이 아주 작아지고 누렇게 변한다. 바깥쪽 잎부터 누렇게 변하는데, 줄기를 잘라보면 관다발이 갈색으로 변해 있다.

예방하기 같은 장소에서 이어짓기를 피한다. 심을 곳의 흙은 미리 소독하고 건강한 모종을 선택하며, 병든 포기는 골라낸다.

농약 방제 딸기를 한때심기한 후 쿠퍼 수화제 1000배액을 흙에 준다. 일본에서는 지오판 수화제에 모종을 담갔다 심는다.

피해 상황 생육 불량으로 아랫잎부터 시들기 시작하여 전체가 위축되어 마른다. 또한 잎이 빨리 시든다. 어느 경우든 뿌리가 갈변하면서 썩고, 뿌리 중심이 붉게 변한다.

예방하기 같은 장소에서 이어짓기를 피하고, 심을 곳의 수분을 적게 한다. 건강한 모종을 사용한다.

농약 방제 등록된 농약은 없다. 일본에서는 메타실(2%) 입제를 아주심기 전에 흙에 섞는다.

잿빛곰팡이병
발생시기 | 4~6월

피해 상황 처음에 줄기나 열매가 갈변하고 물러지며, 회색곰팡이가 생겨 부패한다.

예방하기 습기가 많을 때 생기기 쉬우므로 포기를 촘촘히 심지 않고, 물이 잘 빠지도록 토양을 개선한다.

농약 방제 이프로－지오판 혼합수화제 1000배액(3/5), 후루디옥소닐 액상 수화제 2000배액(3/3)을 뿌린다. 일본에서는 이프로 수화제 1500배액(전날/4)을 뿌린다.

흰가루병
발생시기 | 5~10월

피해 상황 잎에 흰 가루를 바른 듯이 곰팡이가 둥근 모양으로 생긴다. 생긴 후 금방 잎 전체, 줄기, 열매꼭지, 열매 표면을 덮는다.

예방하기 잎과 줄기가 웃자라지 않도록 관리한다. 병에 걸린 잎을 제거한다.

농약 방제 훼나리 유제 3000배액(5/3), 리프졸 수화제 등 여러 종류의 농약을 사용한다. 일본에서는 지노멘 수화제 4000배액(전날/2) 또는 훼나리 수화제 4000배액(전날/3)을 뿌린다.

탄저병
발생시기 | 생육기간

피해 상황 잎자루와 땅덩굴줄기의 연결부에 흑갈색 병반이 나타난다. 줄기를 잘라보면 속이 갈색으로 변해 썩어 있다.

예방하기 건강한 모종을 심는다. 병든 잎이나 땅덩굴줄기는 뽑아서 없앤다. 비를 맞지 않도록 잘 관리한다.

농약 방제 등록된 농약은 없다. 일본에서는 비타놀 수화제 2500배액(모종 기를 때 /3), 아족시스트로빈 액상수화제 2000배액(전날 /3)을 뿌린다.

점박이잎응애 피해
발생시기 | 5~6월

피해 상황 잎응애가 기생한 잎 표면에 하얀 점무늬가 많이 생기고 전체에 퍼진다. 많이 생기면 실을 뿜어 꼭대기에 모여 흩어진다.

예방하기 콩과나 박과, 가지, 배 등 잎응애가 많이 생기는 작물 근처에 딸기를 재배하지 않도록 주의한다.

농약 방제 밀베멕틴 유제, 펜프로 유제 등을 사용한다. 일본에서는 점착전분 액제(전날/6), 에톡씨졸 액상수화제 2000배액(전날/1)을 뿌린다.

목화진딧물 피해
발생시기 | 4~9월

피해 상황 잎, 꽃, 꽃봉오리에 기생하며 생육을 방해하고, 그을음병을 일으키거나 바이러스병을 옮긴다. 채소류, 과수, 꽃나무, 수목 등 많은 식물에 발생한다.

예방하기 질소성분이 많으면 잘생기므로 질소비료를 지나치게 사용하지 않는다.

농약 방제 등록된 농약은 없다. 일본에서는 아세타미프리드 입제 0.5~1g / 포기(아주심기/1)을 심을 구멍 속에 섞는다.

딸기뿌리썩이선충 피해
발생시기 | 연중

피해 상황 땅 속 뿌리에 해를 입어 잔뿌리가 적어지고, 뿌리가 검은색으로 변한다. 또한 땅 위에서의 생육이 늦고, 아랫잎부터 시들어간다.

예방하기 감염되지 않은 건강한 모종을 이용한다. 지난해에 병이 발생했던 토양은 피한다. 또한 매리골드를 재배하여 꽃이 피면 제거하거나 태양열 소독을 해준다.

농약 방제 적당한 농약이 없다.

넙적민달팽이 피해
발생시기 | 4~11월

피해 상황 열매를 갉아먹는다. 갉아먹은 주위는 광택의 흔적이 있다. 성체로 월동하고 봄에 산란한다.

예방하기 습한 곳을 좋아하므로 건조하게 한다. 구리이온을 싫어하므로 동판 등을 깔아서 방지한다.

농약 방제 등록된 농약은 없다. 일본에서는 메타알데하이드 5% 입제 또는 메타알데하이드 6% 입제 5g/㎡ 처리한다.

구리풍뎅이
발생시기 | 유충 7~9월

피해 상황 유충이 땅 속 뿌리를 갉아먹어 빠르게 시든다. 성충은 잎에 해를 입힌다. 아주 심기 전에 덜 썩은 퇴비 등을 사용하면 많이 발생한다.

예방하기 덜 썩은 퇴비를 사용하지 않는다.

농약 방제 등록된 농약은 없다. 일본에서는 이속사치온 분제 9g/㎡ (아주심기 할 때/1)을 심을 구멍에 섞는다.

야생생쥐 피해
발생시기 | 연중

피해 상황 쥐는 익은 열매의 씨를 먹는다. 해충이나 민달팽이에 의한 피해는 열매 표면에 씨가 남지만, 쥐는 열매의 씨를 먹으므로 확실하게 구별할 수 있다.

예방하기 이른 봄이 적기이므로, 피해가 생기기 전에 쥐덫을 이용하여 잡는다.

농약 방제 적당한 농약이 없다.

강낭콩 |콩과|

- **수확기** 6~8월
- **생기기 쉬운 병해충** 바이러스병, 녹병, 각반병, 균핵병, 모잘록병, 진딧물류, 잎굴파리류, 씨고자리파리, 잎응애류 등
- **병해충 방제 point** 옥수수와 섞어 심어 해충을 방지하거나 벼과 작물을 돌려짓기하여 병을 예방한다.
- **일상관리 point** 건강한 씨앗을 사용한다. 받침대 등의 자재를 소독하고 이어짓기를 피한다.

병해충 달력												
	1	2	3	4	5	6	7	8	9	10	11	12
병해					■	■	■					
해충							■					

모자이크병
발생시기 | 4~11월

피해 상황 잎에 짙고 옅은 녹색의 모자이크 모양이 나타나거나 잎맥이 옅은 황색 또는 짙은 녹색이 되고, 기형이 되어 생육이 나빠진다.

예방하기 진딧물에 의해 옮겨지므로 방충망 등으로 막아 진딧물의 발생을 억제한다. 피해 포기는 뽑아버린다.

농약 방제 약제 방제는 어렵다. 병을 옮기는 진딧물을 방제한다.

섬서구메뚜기
발생시기 | 6~10월

피해 상황 잡식성으로 성충이나 유충이 잎에 해를 주고, 불규칙한 둥근 구멍을 만든다. 8~9월에 많이 생긴다. 년 1회 발생하고 알로 월동한다.

예방하기 유충, 성충을 보는 대로 잡는다.

농약 방제 등록된 농약은 없다. 일본에서는 마라치온 유제 1000배액(7/3)을 뿌린다.

점박이잎응애 赤色型 피해
발생시기 | 5~11월

피해 상황 잎응애가 기생한 잎 표면에 무수히 많은 하얀 점무늬가 생기고, 이것이 전체에 퍼진다. 많이 생기면 실을 토해내고 꼭대기에 모여 흩어진다.

예방하기 콩과, 박과, 가지과 등의 근처에 재배하지 않도록 주의한다. 구입할 수 있다면 천적으로 칠레이리응애를 이용한다.

농약 방제 등록된 농약은 없다. 일본에서는 디코폴 유제 1500배액(7/2)을 뿌린다.

담배거세미나방
발생시기 | 7~11월

피해 상황 새싹이나 잎 등을 갉아먹는다. 알 덩어리로 산란하여 부화한 유충은 2령까지 집단으로 해를 입힌다. 흩어진 유충은 잎을 갉아먹는다.

예방하기 유충 집단을 보는 대로 잡는 것이 효과적이다. 옥수수와 섞어 심어 해충을 방지한다.

농약 방제 적당한 농약이 없다.

아메리카잎굴파리 피해
발생시기 | 6~11월

피해 상황 유충이 잎살 속을 터널모양으로 갉아먹는다. 완두굴파리와는 달리 아메리카잎굴파리는 잎살을 벗어나서 번데기가 된다.

예방하기 노지에서는 천적을 죽이는 살충제를 사용하지 않으면 거의 발생하지 않는다. 황색 점착지로 성충을 잡는다.

농약 방제 적당한 농약이 없다.

풋콩 |콩과|

- **수확기** 6~9월
- **생기기 쉬운 병해충** 바이러스병, 자반병, 탄저병, 노균병, 잘록병, 새눈무늬병, 진딧물류, 풍뎅이류, 심식충류, 노린재류, 도둑나방류 등
- **병해충 방제 point** 이어짓기를 피하고 덜 썩은 퇴비를 사용하지 않는다. 병든 포기는 뽑아낸다.

- **일상관리 point** 포기 사이를 넓혀 촘촘히 심지 않는다. 비료를 줄 때는 질소과다에 주의한다. 밭 주변의 잡초를 뽑는다.

병해충 달력	1	2	3	4	5	6	7	8	9	10	11	12
병해												
해충												

점무늬세균병
발생시기 | 4~11월

피해 상황 잎에 옅은 황갈색으로 물이 스민 듯한 작은 점무늬가 생기고, 서서히 그 주위가 황색의 부스럼 모양이 된다. 그 후에 점차 흑갈색의 각진 모양으로 변하고 심하면 말라 죽는다.

예방하기 비가 많이 오거나, 물을 너무 많이 줄 때 생긴다. 비닐로 바닥덮기를 한다.

농약 방제 적당한 농약이 없다.

잘록병
발생시기 | 5~11월

피해 상황 땅 닿은 부분의 줄기에 세로로 길게 갈색 병반이 생기고, 잎이 시들어 마른다. 뿌리는 갈색으로 썩는다.

예방하기 비가 많이 오거나 흙에 수분이 많으면 발생하기 쉬우므로 비닐로 바닥덮기를 하거나, 남은 잎을 따버린다. 또 이어짓기하면 병이 생기기 쉽다.

농약 방제 적당한 농약이 없다.

검은뿌리썩음병
발생시기 | 4~6월

피해 상황 뿌리가 검은색이 되어 썩는다. 땅닿은 부분의 줄기가 흑갈색으로 썩고, 그 때문에 잎이 시들어 마른다.

예방하기 같은 장소에 이어짓기하면 걸리기 쉬우므로 이어짓기를 피한다. 병든 포기는 주변 흙과 함께 밭에서 골라낸다. 모종을 아주심기 전에 미리 토양을 소독한다.

농약 방제 적당한 농약이 없다.

새눈무늬병
발생시기 | 4~10월

피해 상황 포기 끝부분의 어린잎이나 줄기에 생기며, 잎과 줄기에 약 2mm의 황갈색 둥근 점무늬가 생긴다. 점차 서로 합쳐져서 불규칙한 병반이 되어 마른다.

예방하기 병든 포기나 잎, 줄기는 없앤다. 흙 속에 수분이 많으면 생기기 쉽다.

농약 방제 적절한 농약이 없다.

담배거세미나방
발생시기 | 7~11월

피해 상황 새싹이나 잎 등을 갉아먹는다. 알덩어리로 산란하여 부화한 유충은 2령까지는 집단으로 해를 입힌다. 흩어진 유충은 잎을 갉아먹는다.

예방하기 유충 집단을 보는 대로 잡는 것이 효과적이다.

농약 방제 등록된 농약은 없다. 일본에서는 약령유충기에 아세페이트 수화제 1000배액(21/3), 테프루벤주론 유제 2000배액(14/2) 등을 뿌린다.

피해 상황 새잎 끝을 계속 갉아먹는다. 그 후 싹이나 꼬투리에 들어가 녹색 또는 갈색 배설물을 배출한다. 꼬투리를 많이 갉아먹고, 콩에 불규칙한 흔적을 남긴다.

예방하기 콩깍지 속으로 들어가기 전에 해를 입은 새잎을 제거한다.

농약 방제 등록된 농약은 없다. 일본에서는 발생기에 메프 유제 1000배액(21/4), 이속사치온 분제 4g/㎡(4/2)을 뿌린다.

피해 상황 어리고 연약한 잎, 줄기, 꼬투리 등의 즙을 빨아서 해를 입히고, 잎이 누렇게 변하게 하거나 감로(甘露)를 배설한다. 많이 생기면 그을음병을 일으킨다. 따뜻한 겨울, 고온, 비가 잦은 해에 많이 발생한다.

예방하기 은색 바닥덮기 등으로 방제한다.

농약 방제 등록된 농약은 없다. 일본에서는 발생기에 메프 유제 1000배액(21/4) 또는 이속사치온 분제 4g/㎡(4/2)을 뿌린다.

피해 상황 꼬투리 속에 있는 콩의 즙을 빨아서 변색, 변형되고 콩의 성장이 멈춘다. 밭 주변에 잡초지가 많으면 발생이 증가한다.

예방하기 잡초지, 낙엽, 상록수의 잎 사이 등에서 월동하기 때문에 이런 것들과 가까운 밭에서는 재배를 피한다.

농약 방제 등록된 농약은 없다. 일본에서는 발생기에 메프 유제 1000배액(21/4) 또는 이속사치온 분제 4g/㎡(4/2)을 뿌린다.

콩풍뎅이
발생시기 | 7~9월

피해 상황 성충이 잎에 해를 입혀 그물코 모양을 만든다. 유충은 뿌리에 해를 입히고, 피해 포기의 잎이 황변한다. 대단한 잡식성으로 각종 식물의 잎을 갉아먹는다.

예방하기 덜 썩은 퇴비는 피해를 증가시키므로 완숙 퇴비를 준다.

농약 방제 등록된 농약은 없다. 일본에서는 발생기에 메프 유제 1000배액(21/4) 또는 이속사치온 분제 4g/㎡(4/2)을 뿌린다.

톱다리개미허리노린재
발생시기 | 8~10월

피해 상황 꼬투리 속에 있는 콩의 즙을 빨아먹어서 변색, 변형되고 콩의 성장이 멈춘다. 황무지, 잡초지 주변에서 피해가 증가한다.

예방하기 잡초지, 황무지와 가까운 밭에서 재배하는 것을 피한다.

농약 방제 등록된 농약은 없다. 일본에서는 발생기에 메프 유제 1000배액(21/4) 또는 이속사치온 분제 4g/㎡(4/2)을 뿌린다.

섬서구메뚜기
발생시기 | 6~10월

피해 상황 잡식성으로 성충과 유충이 잎에 해를 입히고, 불규칙한 둥근 구멍을 만든다. 8~9월에 많이 생긴다. 년 1회 발생하고 알로 월동한다.

예방하기 유충, 성충을 보는 대로 잡는다.

농약 방제 등록된 농약은 없다. 일본에서는 마라치온 유제 1000배액(7/3)을 뿌린다.

완두콩 |콩과|

- **수확기** 5~7월
- **생기기 쉬운 병해충** 바이러스병, 잘록병, 갈색무늬병, 갈색점무늬병, 탄저병, 모잘록병, 완두굴파리, 진딧물류, 도둑나방류, 물결부전나비 등
- **병해충 방제 point** 아주심기할 때 석회를 사용해 산성토양의 pH를 조절한다. 완두굴파리가 생기면 살충제를 뿌린다.
- **일상관리 point** 건강한 씨앗을 선택한다. 이어짓기와 촘촘히 심기를 피한다.

병해충 달력	1	2	3	4	5	6	7	8	9	10	11	12
병해				■	■	■			■	■		
해충				■	■	■	■					

피해 상황 땅 닿은 부분의 줄기가 흑갈색이 되어 가늘어지고, 뿌리가 갈색으로 변해서 부패하며, 잎이 황색이 되어 그대로 시든다.

예방하기 같은 장소에서 이어짓기하면 병에 걸리기 쉽다. 씨앗을 뿌릴 때에는 치람 분제로 가루옷을 입혀 뿌린다. 모종을 심을 경우에는 흙을 소독한다.

농약 방제 적절한 농약이 없다.

피해 상황 잎, 줄기, 콩깍지에 작은 갈색 점무늬가 생긴다. 나중에 서로 합쳐져서 불규칙한 병반이 되고 결국 시든다. 둥근 흑갈색 병반으로 둘레에 옅은 갈색의 고리모양이 생기는 것이 특징이다.

예방하기 병에 걸린 잎이나 콩은 따서 버린다. 병이 심한 포기는 뽑아낸다.

농약 방제 등록된 농약은 없다. 일본에서는 지오판 수화제 1500배액(7/4)을 뿌린다.

완두굴파리
발생시기 | 6~11월

피해 상황 유충이 잎살 속에서 터널모양으로 갉아먹기 때문에 사진처럼 피해가 생긴다. 아메리카잎굴파리와는 달리 완두굴파리는 잎살 속에서 번데기가 된다.

예방하기 갉아먹은 자국 끝에 있는 유충이나 번데기를 눌러서 잡는다.

농약 방제 등록된 농약은 없다. 일본에서는 퍼메쓰린 유제 2000배액(1/3), 마라치온 유제 1000배액(7/3)을 뿌린다.

물결부전나비
발생시기 | 3~11월

피해 상황 유충이 콩깍지 속의 콩을 갉아먹는다. 고온에 비가 적은 여름이나 가을에 많이 발생한다. 9~10월에 피해가 많다.

예방하기 은색 비닐로 바닥덮기하여 산란을 억제한다.

농약 방제 등록된 농약은 없다. 일본에서는 꽃봉오리가 달릴 때부터 개화 초기에 메프 유제 1000배액(21/4) 또는 마라치온 유제 1000배액(7/3)을 뿌린다.

담배거세미나방 피해
발생시기 | 7~11월

피해 상황 잎이나 콩깍지 등을 갉아먹는다. 알덩어리로 산란하여 부화한 유충은 2령까지는 집단으로 해를 입힌다. 흩어진 유충은 잎을 갉아먹는다.

예방하기 유충 집단을 보는 대로 잡는 것이 효과적이다.

농약 방제 등록된 농약은 없다. 일본에서는 약령유충기에 파밤나방을 잡는 비티(생균) 과립수화제 1000배액(1/4)을 뿌려서 동시에 방제한다.

오크라 |아욱과|

● **수확기** 6~9월
● **생기기 쉬운 병해충** 바이러스병, 모잘록병, 잎점무늬병, 줄노랑꼬마밤나방, 목화명나방, 진딧물류, 도둑나방류, 풀색노린재, 잎응애류, 뿌리혹선충 등
● **병해충 방제 point** 물빼기를 잘하고 물을 많이 주지 않는다. 발생한 해충은 잡는다.

● **일상관리 point** 이어짓기를 피하고 적기에 재배하여 선충류의 피해를 방지한다.

병해충 달력												
	1	2	3	4	5	6	7	8	9	10	11	12
병해												
해충												

바이러스병
발생시기 | 4~10월

피해 상황 잎에 진하고 옅은 녹색 모자이크 증상이 나타나고 곧 기형이 된다.

예방하기 진딧물에 의해 옮겨지므로 가장 중요한 것은 진딧물을 방제하는 것이다. 진딧물은 봄, 가을에 잘 생긴다.

농약 방제 농약으로는 방제되지 않는다. 병을 옮기는 진딧물을 없앤다.

잎점무늬병
발생시기 | 4~10월

피해 상황 잎 뒷면에 흑갈색 작은 점무늬가 생기고, 곧바로 잎 뒷면 전체에 퍼져서 그을음 모양의 곰팡이가 생긴다.

예방하기 통풍이 잘 되도록 포기 간격을 넓혀서 잎과 줄기가 서로 닿지 않도록 관리한다. 병든 잎이나 낙엽은 솎아낸다. 기온이 높거나 건조할 때 발생하기 쉽다.

농약 방제 등록된 농약은 없다. 일본에서는 지오판 수화제 1500배액(전날/2)을 뿌린다.

줄노랑꼬마밤나방
발생시기 | 6~7월, 9월

피해 상황 색이 선명한 유충이 잎을 갉아먹는다. 잎 가장자리가 잘리거나 잎의 일부에 구멍이 생긴다. 무궁화, 아욱, 부용 등 아욱과 식물에 생기며, 년 2회 발생한다.

예방하기 유충을 잡는다.

농약 방제 등록된 농약은 없다. 일본에서는 진딧물을 대상으로 아세페이트 수화제 1000배액(7/1) 또는 크로르푸루아주론 유제 2000배액(전날/4)을 뿌린다.

목화명나방 피해
발생시기 | 5~10월

피해 상황 유충이 잎 가장자리를 말아 그 속에 살면서 잎을 갉아먹는다. 무궁화, 아욱, 부용 등 아욱과 식물에 해를 입힌다. 년 3회 발생한다.

예방하기 잎 가장자리가 말린 잎을 보면 그 안에 있는 유충을 잡는다.

농약 방제 등록된 농약은 없다. 일본에서는 진딧물에 사용하는 아세페이트 수화제 1000배액(7/1), 크로르푸루아주론 유제 2000배액(1/4)을 뿌린다.

담배거세미나방 피해
발생시기 | 7~11월

피해 상황 싹이나 잎 등을 먹는다. 알덩어리로 산란하여 부화한 유충은 2령까지는 군집을 이루어 잎에 해를 입힌다. 잎줄기를 남기고 잎살만 먹는다. 3령 이후에는 흩어져서 잎을 먹는다. 잎 뒷면부터 해를 입히고, 잎 표면에 하얀 점무늬가 많이 생긴다.

예방하기 유충을 보는 대로 잡는다.

농약 방제 등록된 농약은 없다. 일본에서는 약령유충 발생시 진딧물에 사용하는 아세페이트 수화제 1000배액(7/1)을 뿌린다.

순무 |배추과|

- **수확기** 5~11월
- **생기기 쉬운 병해충** 흰녹병, 노균병, 뿌리혹병, 위황병, 검은무늬병, 섬서구메뚜기, 잎벌레, 명나방, 배추좀나방, 배추흰나비, 잎벌, 도둑나방류, 진딧물류 등
- **병해충 방제 point** 방충망을 설치하여 피해를 예방한다.
- **일상관리 point** 이어짓기를 피한다.

옮겨 심을 때 석회를 주어 산성토양의 pH를 조절한다.

병해충 달력												
	1	2	3	4	5	6	7	8	9	10	11	12
병해												
해충												

피해 상황 잎맥의 뒷면에 잎맥을 따라서 흑갈색 점무늬가 나타난다. 온전한 부분과의 경계에 기름이 스민 것처럼 되고 심하면 시들어 마른다.

예방하기 비를 맞으면 병해가 더욱 심해진다. 비가 올 때 비를 맞지 않도록 비가리개를 설치하거나 잎에 물을 주지 않는다.

농약 방제 이 병에는 적당한 농약이 없다.

피해 상황 잎에 유백색의 부풀어오른 작은 점무늬가 생기고, 이것이 터지면서 그 속의 하얀 가루가 날아 흩어져 감염이 확산된다.

예방하기 시든 낙엽 속에 병원균이 활동하여 전염원이 된다. 해를 입은 잎은 모아서 따로 없앤다.

농약 방제 등록된 농약은 없다. 일본에서는 흰녹병에 사용하는 농약은 아니지만 디크론 수화제를 수확 14일 전까지 뿌리면 효과가 있다.

노균병
발생시기 | 6~7월 (비가 많이 올때)

피해 상황 잎맥으로 나뉜 부정형의 황색 점 무늬가 생긴다. 그 뒷면에는 흰곰팡이가 생기며 점차 자줏빛이 되고 심하면 마른다.

예방하기 증상이 나타난 잎은 제거하여 모아서 없앤다. 잎이 비에 맞지 않게 하고, 잎 위로 물을 주지 않도록 주의한다.

농약 방제 등록된 농약은 없다. 일본에서는 다른 병에 사용하는 농약이지만, 노균병에도 효과가 있는 동수화제를 뿌린다.

검은무늬병
발생시기 | 4~7월

피해 상황 지름 약 5mm의 흑갈색으로 중앙부에 회색 둥근 병반이 나타난다. 병반은 파괴되기 쉽다. 낡은 잎에서 전염되며 심하면 잎이 시들어 마른다.

예방하기 해를 입은 잎은 따서 없애고, 낙엽도 모아서 따로 없앤다.

농약 방제 등록된 농약은 없다. 일본에서는 다른 작물에 사용하는 농약이지만, 타로닐 수화제를 수확 14일 전까지 뿌린다.

뿌리혹병
발생시기 | 4월~수확기

피해 상황 순무의 잔뿌리에 크고 작은 혹이 생기고 생육이 나빠진다. 잎의 생육도 나빠지고 증상이 진행되면서 시든다.

예방하기 같은 장소에서 매년 배추과 작물을 재배하면 많이 생긴다. 병은 흙에서 전염된다. 물빠짐이 안 좋은 토양이나 산성토양은 개선한다.

농약 방제 등록된 농약은 없다. 일본에서는 후루설파마이드 입제 또는 타로닐 분제를 옮겨심기 전에 흙에 섞는다.

피해 상황 잡식성으로 성충과 유충이 잎에 해를 입히고, 불규칙한 둥근 구멍을 만든다. 8~9월에 많이 생긴다. 년 1회 발생하고 알로 월동한다.

예방하기 유충, 성충을 보는 대로 잡는다.

농약 방제 등록된 농약은 없다. 일본에서는 마라치온 유제 2000배액(7/4)을 뿌린다.

피해 상황 잎 뒷면부터 겉껍질 1장을 남기고 갉아먹는다. 잎맥과 갉아먹은 부위를 따라 산란한다. 노령유충의 피해는 심각하다.

예방하기 주위에 토끼풀을 심어서 천적이 살수 있는 환경을 만들어준다. 천적인 거미를 이용하기 위해 거미에게 나쁜 영향을 주는 농약을 뿌리지 않는다.

농약 방제 등록된 농약은 없다. 일본에서는 비티 수화제 1000~2000배액(7/4)을 뿌린다.

피해 상황 유충이 잎에 해를 입힌다. 노령유충의 피해가 크다. 5~6월에 개체수가 늘어난다.

예방하기 방충망을 쳐서 피해를 줄인다. 잎이 방충망에 닿지 않도록 주의한다. 밭 주위에 성충에게 꿀을 제공하는 꽃을 재배하지 않는다.

농약 방제 등록된 농약은 없다. 일본에서는 유충 발생기에 비티 수화제 1000~2000배액(7/4)을 뿌린다.

피해 상황 검은색 유충이 잎을 갉아먹는다. 배추과 작물을 좋아하며, 특히 통풍이 나빠서 연약해진 잎을 좋아한다.

예방하기 방충망을 설치해 피해를 방지하며, 잎이 방충망에 닿지 않도록 주의한다. 통풍이 좋게 하여 모종을 건강하게 기른다.

농약 방제 등록된 농약은 없다. 일본에서는 유충이 생기면 마라치온 유제 2000배액(7/4)을 뿌린다.

피해 상황 성충이 잎을 점점이 갉아먹고, 유충은 뿌리를 핥는 것처럼 해를 입힌다. 배추과 작물을 이어짓기하면 많이 생긴다.

예방하기 배추과 작물의 이어짓기를 피한다. 0.8mm 방충망을 쳐서 피해를 줄인다.

농약 방제 등록된 농약은 없다. 일본에서는 마라치온 유제 2000배액(7/4)을 뿌린다.

피해 상황 새싹이나 잎 등을 갉아먹는다. 알덩어리로 산란하여 부화한 유충은 2령까지 무리를 이루어 잎에 해를 입힌다. 3령 이후에 흩어지지만 령이 지날수록 먹는 양이 증가한다.

예방하기 씨뿌리기한 직후에 방충망을 터널모양으로 치고 침입하지 못하도록 한다.

농약 방제 등록된 농약은 없다. 일본에서는 약령유충 발생시에 마라치온 유제 2000배액(7/4)을 뿌린다.

호박 |박과|

- **수확기** 7~8월
- **생기기 쉬운 병해충** 모자이크병, 갈반세균병, 노균병, 탄저병, 역병, 흰가루병, 덩굴마름병, 황화병, 진딧물류, 가루이류, 씨고자리파리, 오이잎벌레 등
- **병해충 방제 point** 진딧물이나 오이잎벌레가 날아오는 것을 방지하기 위하여 은색 바닥덮기를 한다.

- **일상관리 point** 밭의 물빠짐을 좋게 하고, 짚이나 비닐로 바닥덮기하여 병을 예방한다. 비료가 떨어지지 않도록 한다.

병해충 달력		1	2	3	4	5	6	7	8	9	10	11	12
병해													
해충													

피해 상황 잎에 짙고 옅은 녹색의 모자이크 병반이 나타나고, 생육이 나빠진다. 때로는 잎이 뚜렷하게 기형이 된다.

예방하기 진딧물이 병을 옮기므로 방충망을 치거나 바닥덮기 등으로 방지한다. 해를 입은 포기는 뽑아내어 없앤다.

농약 방제 이 병을 방제하는 농약은 없다. 병을 옮기는 진딧물을 방제한다.

피해 상황 잎 가장자리부터 잎맥을 따라 나뭇가지 모양으로 갈변한다. 잎에 작은 갈색 점무늬가 생기고, 그 중앙에 구멍이 뚫리기도 한다.

예방하기 비가 자주 오거나 재배지에 수분이 많으면 많이 생긴다. 흙의 물빠짐이 좋도록 잘 관리한다.

농약 방제 등록된 농약은 없다. 일본에서는 동 수화제인 코퍼설페이트베이직 800배액을 수확 전날까지 뿌린다.

역병
발생시기 | 5~8월

피해 상황 잎이나 덩굴의 일부가 어두운 녹갈색으로 물든 것처럼 변하고, 무르고 부패하여 시들어 마른다. 열매에도 생기고, 부패하여 흰곰팡이가 생긴다.

예방하기 고온이고, 비가 많이 오면 잘 생긴다. 비 때문에 흙탕이 튀는 것을 방지하기 위하여 바닥덮기를 한다.

농약 방제 등록된 농약은 없다. 일본에서는 코퍼설페이트베이직 800배액(전날/3)을 뿌린다.

흰가루병
발생시기 | 5~10월

피해 상황 잎에 흰 가루 같은 둥근 흰곰팡이가 생기고, 잎 전체에 퍼진다.

예방하기 비교적 건조할 때 발생하기 쉽고 증상도 계속 진행된다. 많이 발생할 때는 뽑아버린다.

농약 방제 리프졸 수화제 4000배액(3/5)을 발병 초부터 10일 간격으로 뿌린다. 일본에서는 훼나리 수화제 10000배액(3/4)이나 지노멘 수화제 2000~4000배액(3/5)을 뿌린다.

덩굴마름병
발생시기 | 4~10월

피해 상황 땅 닿은 부분의 줄기나 덩굴의 중간에 황갈색 병반이 생기고 점액이 나오며 결국 시들어 마른다.

예방하기 흙이 너무 습하지 않도록 한다. 가능하면 물빠짐이 좋은 장소에 심는다. 피해 잎이나 덩굴은 잘라내어 없앤다.

농약 방제 등록된 농약은 없다. 일본에서는 만코지 수화제 600배액(30/2) 또는 지네브 수화제 650배액(30/3) 등을 뿌린다.

피해 상황 유충은 잎 뒷면에서 잎을 갉아먹는다. 번데기가 될 때는 잎을 말아서 백색의 얇은 누에고치를 만든다. 가을에 많고 년 3회 발생한다.

예방하기 보는 대로 잡는다.

농약 방제 등록된 농약은 없다. 일본에서는 약령유충기에 진딧물에 사용하는 마라치온 유제 2000배액(1/5)을 뿌린다.

피해 상황 잎에 기생하면서 생육을 저해하고, 그을음병을 일으키거나 바이러스병을 옮긴다. 여름철에 많이 생긴다. 채소류, 과일, 꽃나무, 수목 등 많은 식물에 발생한다.

예방하기 질소성분이 많을 때 잘 생기므로 질소비료의 시용을 줄인다.

농약 방제 등록된 농약은 없다. 일본에서는 마라치온 유제 2000배액(1/5)을 뿌린다.

피해 상황 유충이 감로(甘露)를 배출하고, 그곳에 그을음병이 생겨서 열매나 잎을 오염시킨다. 2령 이후의 유충이 패각충처럼 달라붙어 해를 입힌다. 채소, 꽃나무, 관엽식물 등 많은 식물에 생긴다.

예방하기 은색으로 바닥덮기하여 방제하거나 황색 점착지로 잡는다.

농약 방제 등록된 농약은 없다. 일본에서는 진딧물에 사용하는 마라치온 유제 2000배액(1/5)을 뿌린다.

오이잎벌레
발생시기 | 4~10월

피해 상황 성충이 잎을 불규칙하게 갉아먹고, 유충은 뿌리부분에 해를 입힌다. 뿌리가 해를 입으면 땅 윗부분은 시들어 마른다. 성충은 배추, 가지, 쑥갓, 과꽃 등을 갉아먹는다.

예방하기 파와 섞어심거나 은색 바닥덮기를 하여 성충을 막는다. 보는 대로 잡는다.

농약 방제 등록된 농약은 없다. 일본에서는 진딧물에 사용하는 마라치온 유제 2000배액(전날/5)을 뿌린다.

왕무당벌레붙이
발생시기 | 6~10월

피해 상황 유충도 성충도 잎 뒷면부터 갉아먹는데, 두텁고 짧으며 나란한 선모양의 흔적을 남긴다. 주로 가지과 식물에 해를 입히지만 6~7월에 발생하는 새로운 성충은 박과나 콩과에도 해를 입힌다.

예방하기 가지과 작물이나 박과 잡초를 가까이 심지 않는다. 성충과 유충을 잡는다.

농약 방제 등록된 농약은 없다. 일본에서는 마라치온 유제 2000배액(전날/5)을 뿌린다.

아메리카잎굴파리 피해
발생시기 | 6~11월

피해 상황 유충이 잎살 속을 터널모양으로 갉아먹는다. 완두굴파리와는 달리 아메리카잎굴파리는 잎살을 벗어나 번데기가 된다.

예방하기 노지에서 천적을 죽이는 살충제를 사용하지 않으면 거의 피해가 없다. 황색 점착지로 성충을 잡는다.

농약 방제 적당한 농약이 없다.

양배추 |배추과|

- **수확기** 4~7월, 11~다음해 1월
- **생기기 쉬운 병해충** 무름병, 검은무늬세균병, 검은썩음병, 노균병, 뿌리혹병, 배추흰나비, 도둑나방류, 거세미나방, 진딧물류 등
- **병해충 방제 point** 세균병은 상처를 통해 침입하기 때문에 해충 발생을 방제하고, 잎이 꺾이지 않도록 주의한다.
- **일상관리 point** 이어짓기를 피하고 병이 없는 토양이나 밭에서 재배한다. 토양이 산성이 되지 않도록 pH를 조절한다.

병해충 달력												
	1	2	3	4	5	6	7	8	9	10	11	12
병해					■	■	■		■	■		
해충					■	■	■		■	■		

무름병
발생시기 | 7월~수확기

피해 상황 흙과 닿아 있는 잎이나 결구부의 잎이 암갈색으로 무르고 부패하여 악취가 난다. 주로 결구시기 이후 포기에 해를 입힌다.

예방하기 상처로 감염되므로 잎이 꺾이거나 상처가 생기지 않도록 한다.

농약 방제 등록된 농약은 없다. 일본에서는 혼합미생물 수화제 1000배액(발병 전·초기/5) 또는 옥쏘리닉에시드 수화제 1000배액(7/3)을 뿌린다.

위황병
발생시기 | 4월~수확기

피해 상황 포기의 반쪽이나 잎의 반쪽부터 황색으로 변하기 시작하여 결국 시든다. 잎이 기형이 되고 심하면 시들어 마른다. 줄기의 관다발이 갈색으로 변하는 것이 특징이다.

예방하기 매년 같은 장소에서 이어짓기하면 발생하기 쉬우므로 이어짓기를 피한다.

농약 방제 발생 후에는 농약 방제가 어렵다. 옮겨심기 전에 토양 소독을 해야 한다.

피해 상황 잎에 흑색 또는 흑갈색으로 둘레가 뚜렷한 둥근 테두리의 병반이 생긴다. 그 중심부에 검은 곰팡이가 생기는데 심하면 시든다. 둥근 테두리는 지름 약 1cm이다.

예방하기 피해 잎은 없애버린다. 공기를 통해서 감염되므로 병든 포기가 있으면 많이 생긴다.

농약 방제 등록된 농약은 없다. 일본에서는 동 수화제를 발병 초기에 뿌린다.

피해 상황 잎 표면에 둘레가 뚜렷하지 않은 황색 병반이 생기고, 그 뒷면에 서리와 같은 흰곰팡이가 생긴다.

예방하기 비가 계속 오거나 습도가 높을 때 잘 생긴다. 비가리개나 비닐 바닥덮기를 한다.

농약 방제 등록된 농약은 없다. 일본에서는 염기성 염화동(동44%) 600배액 또는 코퍼 설페이트베이직 500배액을 1주일에 1회 뿌린다.

피해 상황 뿌리에 크고 작은 혹이 여러 개 생기고, 포기가 시들며 생육이 불량하다.

예방하기 흙이 산성화하고 수분이 많을 때 발생하기 쉬우므로, 물빠짐을 좋게 하고 석회를 뿌려 산도를 조절한다. 또한 배추과 작물을 이어짓기하지 않는다.

농약 방제 등록된 농약은 없다. 일본에서는 타로닐 분제, 후루아지남 입제, 후루설파마이드 입제 등을 옮겨심기 전에 흙에 섞는다.

배추흰나비
발생시기 | 4~6월, 9~11월

피해 상황 유충이 잎을 갉아먹는다. 노령유충의 피해는 심하다. 5~6월에 개체수가 증가한다.

예방하기 방충망을 치고 양상추를 섞어 심어서 성충의 산란을 방지한다. 주위에 꽃을 심지 않는다.

농약 방제 그로포 수화제 1000백액(8/4)을 뿌린다. 일본에서는 비티 수화제 1000~2000배액(7/4)이나 테프루벤주론 유제 2000배액(7/2)을 뿌린다.

파밤나방
발생시기 | 8~11월

피해 상황 새싹이나 잎을 갉아먹는다. 알덩어리로 산란하여 부화한 유충은 3령까지 군집을 이루어 해를 입힌다. 흩어진 유충은 잎이나 열매를 갉아먹는다.

예방하기 천적을 보호하기 위해서 주변을 포함하여 살충제를 많이 뿌리지 않는다.

농약 방제 등록된 농약은 없다. 일본에서는 아세페이트 수화제 1000배액(7/3) 또는 테프루벤주론 유제 2000배액(7/2)을 뿌린다.

담배거세미나방 난괴
발생시기 | 7~11월

피해 상황 잎 뒷면에 알덩어리로 산란하고, 유충은 2령까지 군집을 이루어 잎을 갉아먹는다. 령이 지날수록 먹는 양이 증가한다.

예방하기 약령기의 유충집단을 잡는 것이 효과적이다.

농약 방제 등록된 농약은 없다. 일본에서는 약령유충 발생기에 아세페이트 수화제 1000배액(7/3) 또는 테프루벤주론 유제 2000배액(7/2)을 뿌린다.

피해 상황 유충은 잎 뒷면에 붙어서 잎살을 갉아먹는데, 커가면서 갉아먹는 양이 많아지며 자벌레처럼 운동한다. 산란은 잎 뒷면에 1알씩 한다.

예방하기 유충을 보는 대로 잡는다.

농약 방제 등록된 농약은 없다. 일본에서는 아세페이트 수화제 1000배액(7/3) 또는 테프루벤주론 유제 2000배액(7/2)을 뿌린다

피해 상황 잎 뒷면부터 겉껍질 1장을 남기고 갉아먹는다. 잎맥과 해충의 먹은 부위를 따라 산란한다. 노령유충의 피해가 크다.

예방하기 방충망을 쳐서 성충의 산란을 방지하거나 코리앤더와 섞어심기하여 방지한다.

농약 방제 비티아이자와이 입상 수화제 및 피라크로포스 수화제를 사용한다. 일본에서는 비티 수화제 1000~2000배액(7/4)을 뿌린다.

피해 상황 유충은 잎을 갉아먹는다. 열매채소류 등 많은 작물에 해를 입힌다. 일반적으로 살충제의 살포횟수가 많은 지역에서 많이 발생하는 경향이 있다. 년 3~4회 발생한다.

예방하기 유충을 보는 대로 잡는다.

농약 방제 등록된 농약은 없다. 일본에서는 테프루벤주론 유제 2000배액(7/2) 또는 비티 수화제 1000배액(7/4)을 뿌린다.

피해 상황 유충은 낮에는 흙 속에 숨어 있고 밤에 땅에 닿은 부분을 갉아먹는다. 벼과 잡초에 산란한다.

예방하기 피해 포기의 원뿌리를 파서 유충을 잡는다. 밭 주변과 아주심기할 밭의 잡초를 뽑는다.

농약 방제 등록된 농약은 없다. 일본에서는 발생시에 디프 1~3g/㎡(14/6)이나 나크 독먹이 1~3g/㎡(14/3)을 무잎벌레 포기에 뿌린다.

피해 상황 성충이 잎을 점점이 갉아먹고 유충은 뿌리에 핥은 것처럼 해를 입힌다. 배추과 작물을 이어짓기하면 많이 발생한다.

예방하기 코리앤더와 섞어심어서 피해를 줄인다. 배추과 작물의 이어짓기를 피한다. 0.8㎜ 방충망을 설치하여 피해를 막는다.

농약 방제 등록된 농약은 없다. 일본에서는 아세페이트 수화제 1000배액(7/3)을 뿌린다.

피해 상황 잎에 기생하고, 많이 발생하면 가루를 뿌린 것처럼 보인다. 작물의 생육이 저하된다.

예방하기 방충망을 치거나 코리앤더와 섞어심기하여 방제한다.

농약 방제 등록된 농약은 없다. 일본에서는 아주심기할 때 아세페이트 입제 1~2g/포기(21/3)을 심을 구멍에 주거나, 발생시에 아세페이트유제 또는 수화제 1000배액(7/3)을 줄기와 잎에 뿌린다.

넙적민달팽이
발생시기 | 4~11월

피해 상황 잎을 갉아먹는다. 잎을 갉아먹는 것보다도 보기에 불쾌한 해충이다. 성체로 월동하고 봄에 산란하는 외래 해충이다.

예방하기 습한 곳을 좋아하므로 건조하게 한다. 구리 이온을 싫어하므로 동판 등을 깔아서 방제한다.

농약 방제 등록된 농약은 없다. 일본에서는 메타알데하이드 5% 1~2g/㎡ 또는 메타알데하이드 6% 5g/㎡을 뿌린다.

배추순나방
발생시기 | 6~11월

피해 상황 유충이 새싹을 얽어 모아서 갉아먹는다. 생육 초기에는 순멎음이 된다. 배추과 작물에 산란하기를 좋아한다. 고온이고 가물 때 많이 생기고, 9월경에 발생 빈도가 높다.

예방하기 방충망을 친다.

농약 방제 등록된 농약은 없다. 일본에서는 본잎이 나올 때부터 아세페이트 수화제 1000배액(14/3)을 뿌린다.

복숭아혹진딧물
발생시기 | 3~11월

피해 상황 새잎이나 잎 뒷면에 밀집하여 기생한다. 많이 발생하면 생육에 방해가 된다.

예방하기 방충망을 치거나 코리앤더와 섞어 심어서 방제한다.

농약 방제 등록된 농약은 없다. 일본에서는 아주심기할 때 아세페이트 입제 1~2g/포기(21/3)을 심을 구멍의 흙과 섞거나, 발생시에 아세페이트 입제 또는 수화제 1000배액(7/3)을 줄기와 잎에 뿌린다.

오이 |박과|

● **수확기** 5~9월
● **생기기 쉬운 병해충** 모자이크병, 균핵병, 점무늬세균병, 노균병, 모잘록병, 흰가루병, 진딧물류, 가루이류, 잎벌레류, 잎응애류, 페포니스밤나방 등
● **병해충 방제 point** 물빠짐이 잘 되게 하고, 은색 필름으로 바닥덮기하여 진딧물이나 오이잎벌레가 날아오는 것을 방지한다.
● **일상관리 point** 씨를 소독하거나 접나무 모를 사용한다. 피해 포기는 빨리 뽑아버린다.

병해충 달력												
	1	2	3	4	5	6	7	8	9	10	11	12
병해												
해충												

피해 상황 잎에 짙고 옅은 녹색 모자이크 증상이 생기고, 심하면 잎이 기형이 되어 작아진다. 발병한 오이는 요철모양이 된다.

예방하기 진딧물이 병을 옮기므로 방충망을 치거나 은색 바닥덮기를 하여 날아오는 것을 막는다. 병든 포기는 뽑아버린다.

농약 방제 이 병은 농약으로 방제하기 힘들다. 진딧물을 없앤다.

피해 상황 잎맥 사이에 황록색 작은 점무늬가 많이 생긴다. 잎맥은 짙은 녹색이 그대로이지만, 잎 전체는 황색으로 변한다.

예방하기 이 병은 온실가루이가 병을 옮기므로 온실가루이를 방제한다. 피해 포기는 뽑아버린다.

농약 방제 이 병을 방제하는 농약은 없다. 온실가루이를 방제한다.

급성시들음병
발생시기 | 4~10월

피해 상황 잎에 생기는 짙고 옅은 녹색 모자이크 증상이 가벼운 듯 보이지만, 갑자기 시들어 마른다. 특히 호박에 접목한 오이에 발생하기 쉽다.

예방하기 2종류의 바이러스가 중복 감염되어 생기는데 모두 진딧물이 옮기므로 진딧물을 방제한다.

농약 방제 농약으로는 방제하기 어려우므로 진딧물을 없앤다.

점무늬세균병
발생시기 | 5~11월

피해 상황 잎맥으로 구분한 듯한 약간 각진 모양의 물이 스민 것 같은 갈색 병반이 생긴다. 잎 뒷면에 곰팡이는 생기지 않는다.

예방하기 비 올 때 많이 생긴다. 피해 잎과 낙엽은 밭과 떨어진 곳에서 처분한다. 흙에 수분이 적게 하고 비닐 바닥덮기를 한다.

농약 방제 등록된 농약은 없다. 일본에서는 동 수화제인 코퍼설페이트베이직 500배액을 수확 전날까지 뿌린다.

갈반세균병
발생시기 | 5~10월

피해 상황 잎에 각진 모양으로, 물이 스민 것 같은 갈색 큰 병반이 생기고, 잎 뒷면부터 잎맥을 따라 갈색으로 변한다.

예방하기 비 올 때 많이 생긴다. 병든 잎이나 낙엽은 따로 모아 밭과 떨어진 곳에서 없앤다. 흙에 수분이 적게 하고 비닐로 바닥덮기를 한다.

농약 방제 이 병은 적당한 농약이 없지만 점무늬세균병과 동시에 방제할 수 있다.

피해 상황 땅 닿은 부분의 줄기가 암록색으로 물이 스민 것처럼 되며, 더러운 흰즙이 거품처럼 분비되어 줄기가 시들어 마른다. 줄기를 자르면 자른 면의 관다발이 갈색으로 변해 있다.

예방하기 병원균은 흙에 사는 세균이므로 땅 닿은 부분의 상처를 통해 침입한다. 상처가 생기지 않도록 주의한다.

농약 방제 47p.의 점무늬세균병과 동시에 방제할 수 있다.

피해 상황 처음에 원형의 흰가루 곰팡이가 잎에 생기고 곧 잎 전체가 곰팡이로 덮인다.

예방하기 병에 걸린 잎이나 낙엽을 밭과 떨어진 곳에서 없앤다. 줄기에도 증상이 발생하며, 고온 건조할 때 생기기 쉽다.

농약 방제 훼나리 수화제 4000배액(3/3) 및 리프졸 유제, 펜부코나졸 수화제 등의 농약이 있다. 일본에서는 지노멘 수화제 4000배액(전날/3) 또는 훼나리 수화제10000배액(전날/3) 등을 뿌린다.

피해 상황 처음에는 낮에 잎이 시들었다가 저녁 때 회복되지만 2~3일 후에는 시들어 마른다. 뿌리는 갈색으로 변하여 부패하고, 땅 닿은 부분의 줄기도 갈색으로 변한다. 줄기의 관다발도 갈색으로 변한다.

예방하기 이어짓기하면 생긴다. 호박을 바탕나무로 한 접나무모를 사용하여 방지한다. 호박에 접목한 모종을 사용하지 않으면 반드시 병이 생겨 시든다.

농약 방제 적당한 농약이 없다.

역병
발생시기 | 5~10월

피해 상황 땅 닿은 부분의 줄기나 뿌리가 옅은 갈색으로 물러서 부패한다. 곧 잎도 시들어 마른다.

예방하기 비가 계속 오거나 흙에 수분이 많으면 많이 생긴다. 물빠짐을 좋게 하고 이랑을 높게 해둔다. 이어짓기를 피하고 흙은 반드시 소독한다.

농약 방제 적당한 농약이 없다.

노균병
발생시기 | 5~10월

피해 상황 잎에 황색 또는 갈색의 다각형 병반이 생기고, 그 뒷면에 검붉은 곰팡이가 생긴다. 심해지면 잎이 시들어 마른다.

예방하기 비 온 후나 습도가 높을 때 많이 생긴다. 잎과 줄기가 촘촘하지 않도록 하고 병든 잎이나 낙엽을 없앤다.

농약 방제 타로닐 수화제 600배액(3/5) 및 가스란 수화제, 디치돈 수화제 등 여러 종류가 있다.

덩굴마름병
발생시기 | 5~10월

피해 상황 땅 닿은 부분의 주변이나 덩굴 중간에 갈색 병반이 생겨 점액이 나온다. 잎에는 가장자리부터 쐐기모양의 갈색 병반이 생겨 시든다.

예방하기 병반 위의 병원균이 전염원이므로 병든 덩굴이나 잎과 낙엽을 모아서 밭과 떨어진 곳에서 없앤다.

농약 방제 이프로 수화제 1000배액(2/4) 및 프로피 수화제 4000배액(10/1) 등을 사용한다.

피해 상황 유충은 잎 뒷면에 붙어서 갉아먹는다. 번데기가 될 때는 잎을 말아서 흰색의 얇은 고치를 만든다. 년 3회, 가을에 많이 생긴다.

예방하기 보는 대로 잡는다.

농약 방제 등록된 농약은 없다. 일본에서는 메프 유제 1000배액(전날/5) 또는 플루페녹수론 유제 2000배액(전날/4)을 뿌린다.

피해 상황 약령유충이 잎 뒷면을 갉아먹고, 크면 잎을 말아서 그 속에 살면서 잎을 갉아먹는다. 작은각시들명나방은 목화바둑명나방으로도 불리고, 목화, 오크라 등 아욱과 식물을 갉아먹으며, 오이에도 해를 입힌다.

예방하기 유충을 잡는다.

농약 방제 비티 수화제, 에토펜프록스 수화제 등 6종의 농약을 사용한다.

피해 상황 알덩어리로 산란하여 부화한 유충은 2령까지 군집을 이루어 잎에 해를 입힌다. 3령 이후에 흩어지는데, 령이 지날수록 먹는 양이 증가한다.

예방하기 약령기의 유충집단을 잡는 것이 효과적이다.

농약 방제 등록된 농약은 없다. 일본에서는 메프 유제 1000배액(전날/5) 또는 플루페녹수론 유제 2000배액(전날/4)을 뿌린다.

목화진딧물
발생시기 | 4~9월

피해 상황 잎에 기생하며 생육을 방해하는 것 외에, 그을음병을 일으키거나 바이러스병을 옮긴다. 여름에 많이 생긴다.

예방하기 질소성분이 많을 때 많이 생기므로 질소비료의 사용을 줄인다.

농약 방제 아세타미프리드 수용제, 치아메톡삼 입제 등의 농약을 사용한다. 일본에서는 아세타미프리드 입제 0.5~1g/포기(아주 심기/1)을 포기 밑에 주고 발생시에 아세타미프리드 연무제(전날/3)를 뿌린다.

온실가루이
발생시기 | 5~10월

피해 상황 유충이 감로를 배출하여 그곳에 그을음병이 생기고 열매와 잎을 오염시킨다. 또한 오이황화병을 옮긴다.

예방하기 은색으로 바닥덮기하여 방제하거나 황색 점착지로 잡는다.

농약 방제 델타린 유제 1000배액(3/3), 메치온 유제 1000배액(열매달림 전/1)을 뿌리는 등 여러 종류의 농약을 사용한다.

오이총채벌레
발생시기 | 5~11월

피해 상황 잎이나 열매에 해를 입히고, 잎에는 잎맥을 따라 작고 하얀 점무늬가, 열매에는 힘줄이나 그물코 모양의 피해 흔적이 나타난다. 노지에서 월동할 수 없다.

예방하기 총채벌레가 붙은 모종을 구입하지 않도록 주의한다.

농약 방제 등록된 농약은 없다. 일본에서는 발생 초기에 니텐피람수화제 2000배액(전날/3)이나 아세타미프리드 연무제(전날/3)를 뿌린다.

꽃노랑총채벌레 피해
발생시기 | 4~11월

피해 상황 잎, 꽃, 열매에 해를 입히는데, 잎 앞면은 백색으로 탈색되고, 열매는 화상을 입은 것처럼 갈변한다. 비닐하우스 주변의 잡초나 꽃에서 병이 오이로 옮겨진다.

예방하기 비닐하우스 주변의 잡초를 없애고, 총채벌레가 붙은 모종을 구입하지 않는다.

농약 방제 등록된 농약은 없다. 일본에서는 발생 초기에 아세타미프리드 수용제 2000배액(전날/3)을 뿌린다.

점박이잎응애 피해
발생시기 | 5~11월

피해 상황 잎응애가 기생한 잎 표면에 많은 흰점무늬가 생겨서 전체로 퍼진다. 많이 생기면 실을 토해내고 꼭대기에 모였다가 흩어진다.

예방하기 응애를 옮길 수도 있으므로 콩과, 박과, 가지 등을 근처에 심지 않는다.

농약 방제 등록된 농약은 없다. 일본에서는 펜부탄 수화제 1000배액(전날/2)이나 밀베멕틴 유제 1000배액(전날/2)을 뿌린다.

오이잎벌레
발생시기 | 4~10월

피해 상황 성충이 잎을 불규칙하게 갉아먹고, 유충은 뿌리부분에 해를 입힌다. 뿌리가 해를 입으면 땅 윗부분도 말라 죽는다. 성충은 배추, 가지, 쑥갓, 과꽃 등도 먹는다.

예방하기 파와 섞어 심거나 은색 비닐로 바닥덮기하여 성충이 날아오는 것을 막는다. 보는 대로 잡는다.

농약 방제 피리다 유제 750배액(열매달린후 사용금지)을 발생 초기(5월 상순)에 사용한다.

검정오이잎벌레
발생시기 | 4~10월

피해 상황 성충이 잎을 불규칙하게 갉아먹고, 유충은 뿌리부분에 해를 입힌다. 뿌리가 해를 입으면 땅 윗부분은 말라 죽는다. 성충은 배추, 가지, 쑥갓, 과꽃 등도 먹는다.

예방하기 파와 섞어 심거나 은색 비닐로 바닥덮기하여 성충이 날아오는 것을 방지한다. 보는 대로 잡는다.

농약 방제 등록된 농약은 없다. 일본에서는 메프 유제 1000배액(전날/5)을 뿌린다.

왕담배나방
발생시기 | 6~10월

피해 상황 유충은 어린잎을 갉아먹는다. 열매채소류 등 많은 작물에 해를 입힌다. 일반적으로 살충제 사용이 많은 지역에서 많이 생기는 경향이 있다. 년 3~4회 생긴다.

예방하기 유충을 보는 대로 잡는다.

농약 방제 등록된 농약은 없다. 일본에서는 비티(생균) 과립수화제 1000배액(전날/4)을 뿌린다.

클로버잎벌레
발생시기 | 6~9월

피해 상황 3~4mm의 작은 딱정벌레로 성충이 잎 표면을 갉아먹는다. 잎에 큰 구멍을 내지는 않지만, 표면에 불규칙하게 갉아먹은 흔적을 남긴다. 가지 등의 가지과 채소나 유칼립투스 등의 나무에 해를 입힌다.

예방하기 날아와서 해를 입히는 성충을 잡는다.

농약 방제 등록된 농약은 없다. 일본에서는 발생기에 마라치온 유제 1000배액(전날/3)을 뿌린다.

우엉 |국화과|

● **수확기** 6~7월, 10~다음해 1월
● **생기기 쉬운 병해충** 모자이크병, 검은무늬세균병, 시들음병, 검은무늬썩음병, 검은무늬병, 뿌리썩음병, 각반병, 도둑나방류, 진딧물류, 선충류, 섬서구메뚜기 등
● **병해충 방제 point** 병이 발생했던 곳에 옮겨 심는 것은 3년 이상 지난 다음에

한다.
● **일상관리 point** 이어짓기를 피한다. 배게심기(密植)를 피하고 솎아내기를 빨리 해준다. 벼과 작물과 돌려짓기한다.

병해충 달력												
	1	2	3	4	5	6	7	8	9	10	11	12
병해				■	■	■	■	■	■	■		
해충					■	■	■	■	■	■		

피해 상황 잎에 짙고 옅은 녹색 모자이크 증상이 나타나거나 황색 점무늬가 나타난다. 또한 잎이 오그라들고 울퉁불퉁하게 되며 생육이 나빠진다.

예방하기 진딧물이 병을 옮기므로 포기를 방충망으로 감싸주어 진딧물을 방제한다. 병든 포기는 밭과 떨어진 곳에서 없앤다.

농약 방제 농약으로 방제하기 어렵다. 진딧물을 방제한다.

피해 상황 잎맥을 경계로 점점 각진모양이 되어 흑갈색 병반이 나타나고, 그 부위가 쉽게 파괴된다. 잎자루에는 세로로 길게 병반이 생긴다.

예방하기 비가 계속 오거나 흙에 수분이 많으면 잘 생긴다. 물빠짐이 잘 되도록 개선하고 병든 잎을 없앤다.

농약 방제 등록된 농약은 없다. 일본에서는 코퍼설페이트베이직 5000배액을 수화 전날까지 뿌린다.

피해 상황 잎이 시들어 마른다. 뿌리는 갈색으로 변하고 부패하며, 자르면 관다발이 흑갈색으로 변해 있다.

예방하기 매년 같은 장소에서 재배하면 발생하기 쉬우므로 이어짓기를 피한다. 병든 포기는 주변의 흙과 함께 들어내고 소독한다. 흙으로 전염되므로 재배하는 흙을 미리 소독한다.

농약 방제 적당한 농약이 없다.

피해 상황 잎에 갈색의 원형 병반이 나타난다. 후에 병반이 커지면서 가운데가 회색으로 변해 쉽게 부스러지고, 심하면 시들어 죽는다.

예방하기 배게심기를 하거나 습도가 높으면 많이 생긴다. 병든 잎을 없애고, 낙엽도 모아서 밭과 떨어진 곳에서 없앤다.

농약 방제 등록된 농약은 없다. 일본에서는 캡탄 수화제 800배액(14/5)을 뿌린다.

피해 상황 잎에 갈색의 원형 병반이 나타난다. 후에 병반이 커지면서 가운데가 회색으로 변해 쉽게 부스러지고, 심하면 시들어 죽는다.

예방하기 배게심기를 하거나 습도가 높으면 많이 생긴다. 병든 잎을 없애고, 낙엽도 모아서 밭과 떨어진 곳에서 없앤다.

농약 방제 등록된 농약은 없다. 일본에서는 캡탄 수화제 800배액(14/5)을 뿌린다.

담배거세미나방
발생시기 | 7~11월

피해 상황 잎을 갉아먹는다. 알덩어리로 산란하고, 부화한 유충은 2령까지 군집을 이루어 해를 입힌다. 3령 이후의 유충은 흩어져서 잎을 갉아먹는다.

예방하기 유충집단이나 포기 밑에 있는 노령유충을 잡는다.

농약 방제 등록된 농약은 없다. 일본에서는 약령유충 발생기에 테프루벤주론 유제 1000배액(7/4), 아세페이트 수화제 1000배액(45/1) 등을 뿌린다.

왕무당벌레붙이
발생시기 | 6~10월

피해 상황 유충도 성충도 잎 뒷면부터 굵고 짧은 선을 남기며 갉아먹는다. 주로 가지과 작물에 해를 입히지만 6~7월에 생기는 새 성충은 박과나 콩과에도 해를 입힌다.

예방하기 가지과 작물을 가까이에 재배하지 않는다. 성충과 유충을 잡는다.

농약 방제 등록된 농약은 없다. 일본에서는 아세페이트 수화제 1000배액 (45/1)을 뿌린다.

우엉수염진딧물
발생시기 | 4~11월

피해 상황 잎 뒷면이나 잎자루에 기생한다. 우엉에만 기생하고 따뜻한 겨울, 고온, 비가 자주 오는 해에 많이 생긴다.

예방하기 호스로 물을 뿌려 씻어낸다. 질소성분이 많으면 생기기 쉬우므로 질소비료를 많이 사용하지 않는다.

농약 방제 등록된 농약은 없다. 일본에서는 생육 초기에 아세페이트 입제 3 ~ 6g / ㎡ (75/1)을 본포기 밑에 뿌리고, 발생시에 아세페이트 수화제 1000배액(45/1)을 뿌린다.

뿌리썩이선충의 일종 피해
발생시기 | 연중

피해 상황 땅 속 뿌리에 해를 입어 잔뿌리가 적어지고 뿌리 끝부분이 검게 변한다. 땅 윗부분의 생육이 늦어진다. 선충은 뿌리의 내부조직으로 이동하여 뿌리를 부패시킨다.

예방하기 매리골드를 2~3개월 키워서 꽃이 피면 흙에 그대로 묻어둔다.

농약 방제 적당한 농약이 없다.

섬서구메뚜기
발생시기 | 6~10월

피해 상황 잡식성으로 성충이나 유충이 잎에 해를 입혀 불규칙한 구멍을 만든다. 8~9월에 많이 생긴다. 년 1회 발생하고 알로 월동한다.

예방하기 유충이나 성충을 보는 대로 잡는다.

농약 방제 등록된 농약은 없다. 일본에서는 마라치온 유제 2000배액(7/5)을 뿌린다.

아메리카잎굴파리 피해
발생시기 | 6~11월

피해 상황 유충이 잎살 속에 터널을 만들며 갉아먹는다. 완두굴파리와는 달리 아메리카잎굴파리는 잎살을 벗어나서 번데기가 된다.

예방하기 천적을 죽이는 살충제를 쓰지 않으면 거의 생기지 않는다. 황색 점착지로 성충을 잡는다.

농약 방제 등록된 농약은 없다. 일본에서는 진딧물에 사용하는 아세페이트 수화제 1000배액(45/1)을 뿌린다.

소송채 |배추과|

- **수확기** 5~다음해 2월
- **생기기 쉬운 병해충** 모잘록병, 흰무늬병, 흰녹병, 위황병, 도둑나방류, 잎벌레, 잎벌, 배추흰나비, 배추좀나방, 진딧물류 등
- **병해충 방제 point** 배추과 채소를 이어짓기하지 않는다. 방충망을 사용해서 해충이 산란할 때의 피해를 방지한다.

- **일상관리 point** 저습지에서는 물빼기가 잘 되게 한다. 산성토양은 소석회나 석회질소 등을 사용하여 pH를 조절한다. 배게심기를 피한다.

병해충 달력												
	1	2	3	4	5	6	7	8	9	10	11	12
병해				■	■		■	■	■			
해충				■	■	■	■	■	■	■	■	

모잘록병
발생시기 | 어린 모종일 때

피해 상황 땅 닿은 부분의 모종 줄기가 갈색으로 변하면서 부패하고, 잘록해지거나 쓰러지며 또한 잎이 황색으로 변하며 시든다.

예방하기 씨앗을 뿌리기 전에 씨를 캡탄 수화제로 옷을 입혀서 뿌린다. 같은 장소에서 이어짓기를 피하고 흙을 미리 소독한다.

농약 방제 적당한 농약이 없다.

탄저병
발생시기 | 5월~수확기

피해 상황 잎에 옅은 회갈색으로 점점 물이 번지는 듯한 요철모양의 작은 원형 병반이 생긴다. 심하면 병반 주위가 황색으로 변하고 잎이 시든다.

예방하기 씨앗으로 전염되므로 캡탄 수화제로 옷을 입혀 소독한다. 같은 장소에서 이어짓기를 피한다.

농약 방제 등록된 농약은 없다. 일본에서는 발생 초기에 디크론 수화제 800배액(21/2)을 뿌린다.

흰무늬병
발생시기 | 5월~수확기

피해 상황 잎에 옅은 회갈색의 원형 병반이 생기고, 그 병반이 넓어져 서로 붙어서 부정형 병반이 된다. 심하면 시든다.

예방하기 병든 잎이나 시든 잎을 뜯어내어 따로 처리한다. 주변에 이런 병이 생기면 확산되므로 주의한다.

농약 방제 등록된 농약은 없다. 일본에서는 소송채용 농약은 아니지만 폴리카바메이트 수화제(30/1)를 뿌리는데 효과적이다.

담배거세미나방
발생시기 | 7~11월

피해 상황 알덩어리로 산란하여 부화한 유충은 2령까지 군집을 이루어 잎에 해를 입힌다. 3령 이후에 흩어지지만 령이 지날수록 먹는 양이 증가한다.

예방하기 씨앗을 뿌린 직후 터널모양으로 방충망을 설치하여 침입할 틈을 없앤다.

농약 방제 등록된 농약은 없다. 일본에서는 약령유충 발생기에 진딧물 에 사용하는 피리포 유제 1000배액(7/4)을 뿌린다.

벼룩잎벌레
발생시기 | 7~10월

피해 상황 성충이 잎을 점점이 갉아먹는다. 유충은 뿌리를 따라 해를 입힌다. 배추과를 이어짓기하면 많이 생긴다.

예방하기 배추과 작물의 이어짓기를 피한다. 0.8㎜ 방충망을 치면 피해를 줄일 수 있다.

농약 방제 등록된 농약은 없다. 일본에서는 피리포 유제 1000배액(7/1)을 뿌린다.

피해 상황 검은 유충이 잎을 갉아먹는다. 배추과 작물을 갉아먹는데 통풍이 나빠서 연약하게 자란 것을 좋아한다.

예방하기 방충망을 치면 피해를 예방할 수 있다. 이 때 잎이 방충망에 닿지 않도록 주의한다. 통풍이 잘 되게 하고, 모종을 튼튼하게 기른다.

농약 방제 등록된 농약은 없다. 일본에서는 피리포 유제 1000배액(7/1)을 뿌린다.

피해 상황 유충이 잎을 갉아먹는다. 알덩어리로 산란하여 부화한 유충은 2령까지 군집을 이루어 해를 입히고, 3령 이후에는 유충이 흩어져서 갉아먹는다.

예방하기 흙 속이나 포기 밑에 있는 노령유충을 잡는다.

농약 방제 등록된 농약은 없다. 일본에서는 유충이 흩어지기 전인 약령유충 발생기에 진딧물에 사용하는 피리포 유제 1000배액(7/4)을 뿌린다.

피해 상황 유충이 잎을 갉아먹는다. 노령유충의 피해는 심각하다. 5~6월에 개체수가 증가한다.

예방하기 방충망으로 덮어서 피해를 방지한다. 잎이 방충망에 닿지 않게 하고, 밭 주변에 성충에게 꿀을 공급하는 꽃을 재배하지 않도록 주의한다.

농약 방제 등록된 농약은 없다. 일본에서는 유충 발생기에 비티 수화제 1000~2000배액(7/4)을 뿌린다.

배추좀나방 성충
발생시기 | 6~10월

피해 상황 유충이 잎 뒷면부터 겉껍질 1장을 남기고 갉아먹는다. 잎맥이나 해충이 갉아먹은 부위를 따라 산란하고, 노령유충의 피해가 심각하다.

예방하기 주변에 토끼풀을 재배하여 천적의 서식처를 만든다. 천적인 거미에게 해로운 농약을 뿌리지 않는다.

농약 방제 등록된 농약은 없다. 일본에서는 비티 수화제 1000~2000배액(7/4)을 뿌린다.

섬서구메뚜기
발생시기 | 6~10월

피해 상황 잡식성으로 성충과 유충이 잎에 해를 입혀 불규칙한 구멍을 만든다. 8~9월에 많이 생긴다. 년 1회 발생하고 알로 월동한다.

예방하기 유충이나 성충을 보는 대로 잡는다.

농약 방제 등록된 농약은 없다. 일본에서는 피리포 유제 1000배액(7/1)을 뿌린다.

무테두리진딧물
발생시기 | 3~11월

피해 상황 잎에 기생하며 많이 생기면 가루를 뿌린 것처럼 보인다. 생육을 저해한다. 봄보다 가을에 많이 생긴다.

예방하기 주위에 은색 비닐로 바닥덮기를 하거나, 텃밭에는 방충망을 이용하는 것이 좋다.

농약 방제 등록된 농약은 없다. 일본에서는 발생시에 피리포 유제 1000배액 (7/1)을 잎과 줄기에 뿌린다.

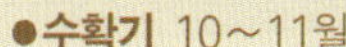

고구마 |메꽃과|

- **수확기** 10~11월
- **생기기 쉬운 병해충** 검은무늬썩음병, 덩굴쪼김병, 잘록병, 진딧물류, 고구마나방, 도둑나방류, 풍뎅이류, 뿌리혹선충 등
- **병해충 방제 point** 건강한 모종을 사용한다. 투명 비닐로 바닥덮기하여 재배하면 덩굴쪼김병, 잘록병이 자주 생기는 것을 막을 수 있다.
- **일상관리 point** 병이 생긴 곳에서 이어짓기를 피한다. 덜 썩은 퇴비를 사용하면 풍뎅이류 등의 피해가 증가하므로 피한다.

병해충 달력												
	1	2	3	4	5	6	7	8	9	10	11	12
병해					■	■	■	■				
해충						■	■	■	■	■		

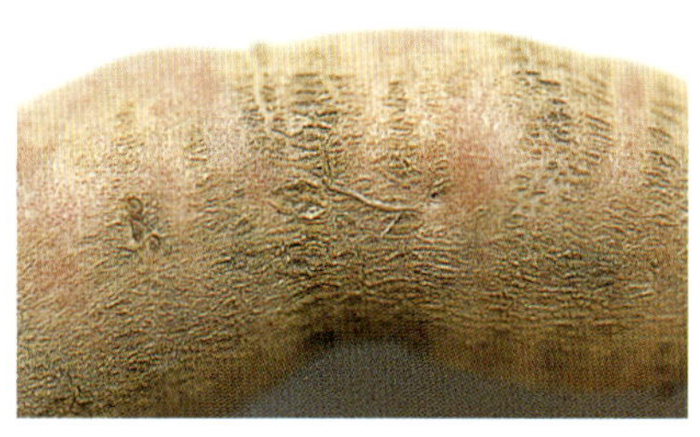

피해 상황 덩이뿌리의 표면에 가는 잔금이 띠모양으로 생긴다. 심하면 고구마가 커지지 않는다.

예방하기 병든 씨고구마에서 싹을 채취하면 전염되므로 증상이 없는 건강한 고구마에서 싹을 채취한다.

농약 방제 농약으로는 방제되지 않는다.

피해 상황 잎이 시들어 마른다. 땅 닿은 부분의 줄기가 세로로 길게 갈라지는 증상을 보이며 흐물흐물해진다.

예방하기 흙 속 병원균이 모종의 싹이 잘린 부분으로 침입하므로, 병이 발생한 장소에서 이어짓기를 피한다. 미리 흙을 소독하고 모종을 심는다.

농약 방제 등록된 농약은 없다. 일본에서는 베노밀 수화제에 모종 싹을 담근 후 옮겨 심는다.

잘록병
발생시기 | 4~8월

피해 상황 잎이 황색으로 변하여 시들고, 그 줄기에 원형의 흑색 병반이 생기고, 뿌리도 흑갈색으로 부패한다.

예방하기 흙 속의 병원균이 모종 싹에 침입하여 병에 걸리므로 같은 장소에서 이어짓기를 피한다. 옮겨심기 전에 미리 흙을 소독한다. 알칼리성 토양에서 발생하기 쉬우므로 석회를 시용하지 않는다.

농약 방제 적당한 농약이 없다.

담배거세미나방
발생시기 | 7~11월

피해 상황 알덩어리로 산란하여 부화한 유충은 2령까지 군집을 이루어 잎에 해를 입힌다. 3령 이후의 애벌레는 흩어지지만 령이 지날수록 먹는 양이 증가한다.

예방하기 약령기의 유충집단을 잡는다.

농약 방제 등록된 농약은 없다. 일본에서는 약령유충 발생기에 테프루벤주론 유제 1000배액(7/2), 또는 메프 유제 1000배액(7/5)을 뿌린다

밤각시나방
발생시기 | 8~10월

피해 상황 노령유충이 잎을 대량으로 갉아먹는다. 특이한 꼬리가 있다. 년 2회 생기며 메꽃과, 가지과, 콩과 등을 갉아먹는다.

예방하기 유충을 보는 대로 잡는다.

농약 방제 등록된 농약은 없다. 일본에서는 약령유충의 발생기에 테프루벤주론 유제 1000배액(7/2), 또는 메프 유제 1000배액(7/5)을 뿌린다.

피해 상황 유충이 잎을 계속해서 갉아먹는다. 년 4~5회 생기고, 여름부터 가을에 걸쳐 많이 생긴다. 여름철 가뭄이 심한 해에 많이 생긴다.

예방하기 잎의 피해증상을 보면서 잡는다.

농약 방제 등록된 농약은 없다. 일본에서는 약령유충 발생기에 테프루벤주론 유제 1000배액(7/2), 메프 유제 1000배액(7/5)을 뿌린다.

피해 상황 성장한 유충은 약 4㎝가 되고, 잎맥과 잎자루를 남기고 먹어치운다. 담배거세미나방처럼 9~10월에 피해가 많다.

예방하기 잎에 피해증상이 보이면 바로 잡는다.

농약 방제 등록된 농약은 없다. 일본에서는 약령유충 발생기에 테프루벤주론 유제 1000배액(7/2), 메프 유제 1000배액(7/5)을 뿌린다.

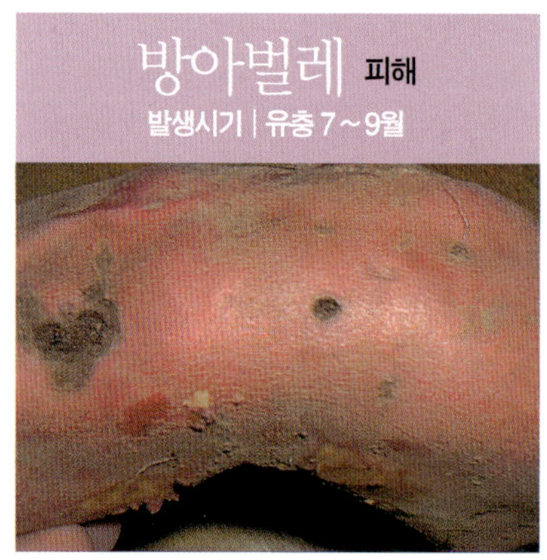

피해 상황 유충이 땅 속 뿌리를 갉아먹는다. 갉아먹은 부위에는 둥근 구멍이 생기고, 그 상처로 침입한 병균 때문에 고구마가 썩는다. 조기에 해를 입으면 둥글게 갈색으로 변한 흔적이 남는다. 유충은 북방풀노린재라고도 한다.

예방하기 특별한 방제법이 없다.

농약 방제 등록된 농약은 없다. 일본에서는 메프 유제 1000배액(7/5)을 뿌린다.

피해 상황 잎에 구멍을 내면서 갉아먹는다. 7~8mm의 납작한 딱정벌레로 메꽃과를 먹는다.

예방하기 유충을 보는 대로 잡는다.

농약 방제 등록된 농약은 없다. 일본에서는 성충이나 유충 발생기에 메프 유제 1000배액(7/5)을 뿌린다.

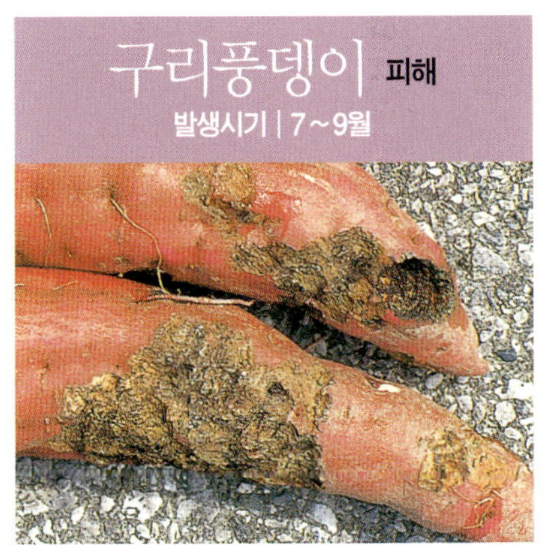

피해 상황 유충이 땅 속 뿌리를 갉아먹고, 갉아먹은 부위는 갈색으로 변하여 움푹 패인다. 상처로 침입한 병균 때문에 고구마가 썩는다. 성충은 잎에 해를 입힌다

예방하기 아주심기 전에 덜 썩은 퇴비 등을 넣으면 발생할 수 있으므로 덜 썩은 퇴비를 사용하지 않는다.

농약 방제 등록된 농약은 없다. 일본에서는 메프 유제 1000배액(7/5)을 뿌린다

피해 상황 피해가 눈에 띄지는 않지만 유충이 줄기에 군집을 이루어 즙을 빤다. 피망이나 가지 등의 가지과나 나팔꽃 등의 메꽃과 식물에 많이 생긴다.

예방하기 발생한 노린재를 잡는다.

농약 방제 등록된 농약은 없다. 일본에서는 발생하면 메프 유제 1000배액(7/5)을 뿌린다.

토란 |토란과|

- **수확기** 9~11월
- **생기기 쉬운 병해충** 뿌리썩음병, 붉은점무늬병, 무름병, 마른썩음병, 담배거세미나방, 세줄박각시나방, 진딧물류, 풍뎅이류, 남쪽뿌리썩이선충, 잎응애류 등
- **병해충 방제 point** 씨토란은 건강한 것을 골라 심는다. 비료가 부족하지 않도록 한다.

- **일상관리 point** 이어짓기를 피하고, 3~4년간 벼과나 콩과 작물을 재배하여 병을 예방한다. 물빼기를 잘 한다.

병해충 달력		1	2	3	4	5	6	7	8	9	10	11	12
	병해												
	해충												

피해 상황 바깥쪽 잎부터 황색으로 시드는데, 점점 안쪽 잎도 황색으로 변하여 생육이 나빠진다. 심하면 시들어 마른다. 뿌리는 갈색으로 변하여 부패한다.

예방하기 건강한 씨토란을 심는다. 토란은 땅 속에 수분이 많은 것을 좋아하지만, 물이 고이지 않을 정도로 한다.

농약 방제 적당한 농약이 없다.

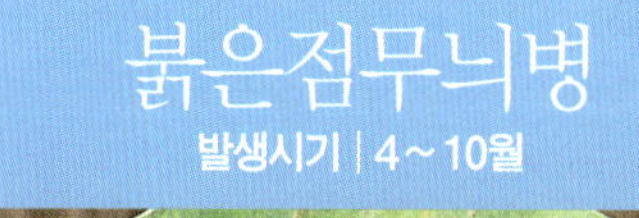

피해 상황 잎에 옅은 갈색 또는 암갈색의 더러워진 것 같은 원형 병반이 생긴다.

예방하기 토양 수분이 너무 많지 않도록 한다. 병든 잎이나 낙엽은 밭과 떨어진 곳에서 없앤다.

농약 방제 등록된 농약은 없다. 일본에서는 이 병에 사용하는 농약은 아니지만 지오판 수화제를 수확 전날까지 뿌리는데, 효과가 있다.

목화진딧물
발생시기 | 4~9월

피해 상황 잎에 기생하며 생육을 저해하고 그을음병을 일으킨다. 여름에 비가 적게 오는 해에 많이 발생하는 경향이 있다.

예방하기 호스를 이용하여 물로 씻어낸다. 질소성분이 많으면 잘 생기므로 질소비료의 과다 사용을 피한다.

농약 방제 등록된 농약은 없다. 일본에서는 에토펜프록스 유제 1000배액(14/3)을 뿌린다.

담배거세미나방
발생시기 | 7~11월

피해 상황 알덩어리로 산란하여 부화한 유충은 2령까지 군집을 이루어 잎에 해를 입힌다. 3령 이후의 애벌레는 흩어지지만 령이 지날수록 먹는 양은 증가한다.

예방하기 먹이가 떨어져 다른 작물로 흩어지기 전에 노령유충과 약령유충의 집단을 잡는다.

농약 방제 등록된 농약은 없다. 일본에서는 약령유충 발생기에 에토펜프록스 유제 1000배액(14/3)을 뿌린다.

세줄박각시나방
발생시기 | 6~10월

피해 상황 노령유충이 잎을 매우 많이 갉아먹는다. 특이한 꼬리가 있다. 년 2회 생기며 포도과, 토란과, 봉선화 등 많은 작물을 갉아먹는다.

예방하기 유충을 보는 대로 잡는다.

농약 방제 등록된 농약은 없다. 일본에서는 약령유충 발생기에 에토펜프록스 유제 1000배액(14/3)을 뿌린다.

감자 |가지과|

- **수확기** 6~7월, 11~12월
- **생기기 쉬운 병해충** 흑각병, 검은무늬썩음병, 역병, 더뎅이병, 모자이크병, 무름병, 둘레썩음병, 도둑벌레류, 딱정벌레류, 진딧물류, 감자나방 등
- **병해충 방제 point** 씨감자는 병이 없는지 검사 받은 것을 심는다.
- **일상관리 point** 이어짓기를 피하고

배추과나 당근을 재배했던 곳을 피한다. 물빼기를 잘하고, 질소의 과다 사용을 피한다.

병해충 달력												
	1	2	3	4	5	6	7	8	9	10	11	12
병해												
해충												

모자이크병
발생시기 | 4~10월

피해 상황 잎맥을 따라 옅은 황색으로 변하고, 잎맥 사이에 괴저 점무늬가 생기며, 잎 전체가 오글쪼글해진다.

예방하기 진딧물이 옮기는 병이므로 방충망으로 포기를 덮어주어 진딧물을 방제한다. 감염된 포기는 뿌리째 뽑아서 밭과 떨어진 곳에서 처리한다.

농약 방제 농약으로 방제하기 어렵다. 병을 옮기는 진딧물을 방제한다.

잎말림병
발생시기 | 4~10월

피해 상황 아랫잎부터 잎이 점점 두꺼워져 숟가락처럼 말려 올라간다.

예방하기 감염된 씨감자에서 전염되거나 진딧물이 옮긴다. 병을 옮기는 진딧물을 방제한다. 병든 포기는 뽑아내서 밭과 떨어진 곳에서 처분한다.

농약 방제 농약으로 방제하기 어렵다.

피해 상황 땅 닿은 부분의 줄기가 흑갈색으로 물러져 부패한다. 땅 속에서는 포기와 붙어 있는 감자의 기부부터 감자 표면까지 흑갈색으로 썩는다.

예방하기 씨감자는 병들지 않은 건강한 것을 사용한다. 옮겨심기 전에 미리 흙을 소독한다.

농약 방제 적당한 농약이 없다.

피해 상황 제일 꼭대기의 잎 가장자리가 점점 자홍색이 되어 말려 올라가거나, 땅 닿은 부분의 줄기에 하얀 가루가 생기며, 심하면 곧 말라버린다.

예방하기 이어짓기를 피한다. 발병한 토양은 미리 소독한다.

농약 방제 등록된 농약은 없다. 일본에서는 씨감자를 메로닐 수화제로 옷을 입히거나 베노밀 수화제에 담근 후에 옮겨심는다.

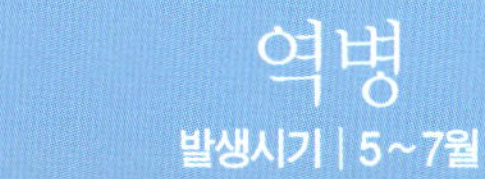

피해 상황 잎 가장자리와 잎 끝에 회갈색의 불규칙한 커다란 병반이 생기고 서리처럼 곰팡이가 생긴다.

예방하기 비가 계속 오면 많이 생긴다. 흙탕이 튀지 않도록 비닐로 바닥덮기하거나 병든 잎은 따서 밭과 떨어진 곳에서 없앤다.

농약 방제 디메쏘모르프 수화제, 만코지 수화제 등이 등록되어 있다. 일본에서는 염기성염화동 800배액을 수확 전날까지 뿌린다.

피해 상황 잎에 검은색 동심원 무늬가 있는 3~4mm의 병반이 불규칙하게 생기고, 그것이 커지면 잎은 시들어 마른다.

예방하기 병든 잎을 그대로 두면 전염된다. 병든 잎은 제거하고 낙엽도 모아서 없앤다.

농약 방제 등록된 농약은 없다. 일본에서는 타로닐 수화제 1000배액(7/5)이나 폴리카바메이트 수화제 600배액 (14/2)을 뿌려서 잎에 발생한 다른 병도 동시에 방제한다.

피해 상황 감자에 갈색 또는 흑갈색의 오목하게 들어간 마른 부패 병반이 생기지만, 무르고 썩지는 않는다.

예방하기 흙 속 병원균이 감자에 침입하여 발병한다. 수확 중 상처가 난 곳에서 병이 생길 수 있으므로 조심해서 수확한다.

농약 방제 적절한 농약이 없다. 흙을 미리 소독한다.

피해 상황 감자 표면에 병반의 가운데가 움푹 들어가고 주변부가 점점 올라와서 옅은 갈색 딱지 같은 것이 생긴다. 감자 속까지는 병이 침입하지 않는다.

예방하기 발병한 장소에서는 이어짓기를 피하고 흙을 미리 소독한다. 약간 건조하고, pH 5~8의 알칼리 토양에서 잘 생긴다.

농약 방제 적당한 농약이 없다.

피해 상황 아랫잎이 색이 바래서 시들어 마른다. 뿌리가 갈색으로 변하여 부패하고 줄기의 관다발이 갈색으로 변한다.

예방하기 이어짓기를 피한다. 병든 포기에서 씨감자를 얻지 않는다. 흙을 소독한다.

농약 방제 등록된 농약은 없다. 일본에도 이 병에 대한 농약은 없지만, 검은무늬썩음병 방제에 사용하는 베노밀 수화제에 씨감자를 담그면 동시에 방제된다.

피해 상황 잎과 줄기에 옅은 갈색으로 물든 듯한 병반이 나타나고, 그 안에 하얀 솜털모양의 곰팡이가 생기고 부패한다.

예방하기 지난해에 병이 생겼던 밭에 심으면 발병한다. 같은 장소에서 이어짓기를 피하거나 흙을 소독한다.

농약 방제 등록된 농약은 없다. 일본에서는 이프로 수화제 1000배액(전날/4)을 뿌린다.

피해 상황 잎이 녹색인 채로 빨리 시들어 마른다. 뿌리는 갈색으로 변하여 부패하며, 줄기를 자르면 관다발이 갈변하고, 더러운 하얀즙이 나온다.

예방하기 이어짓기를 피한다. 흙의 수분이 많지 않아야 한다. 병이 생겼던 장소는 미리 흙을 소독한 후 심는다.

농약 방제 발병하면 적당한 농약이 없다.

왕담배나방

발생시기 | 6~10월

피해 상황 유충은 잎과 어린잎을 갉아먹는다. 열매채소류 등 많은 작물에 해를 입힌다. 일반적으로 살충제를 뿌리는 횟수가 많은 곳에서 많이 생긴다. 감자에 큰 피해를 주지 않는다. 년 3~4회 생긴다.

예방하기 유충을 잡는다.

농약 방제 등록된 농약은 없다. 일본에서는 아세페이트 수화제 1000~1500 배액(7/5)을 뿌린다.

왕무당벌레붙이

발생시기 | 6~10월

피해 상황 유충과 성충 모두 잎 표면에 두껍고 짧은 선이 나란하게 흔적을 남기며 갉아먹는다. 주로 가지과 식물에 해를 입히지만 6~7월에 발생하는 새로운 성충은 박과나 콩과에도 해를 입힌다.

예방하기 가지과 식물을 가까이에 재배하지 않는다. 성충과 유충을 잡는다.

농약 방제 나크수화제가 등록되어 있다. 일본에서는 아세페이트 수화제 1000~1500배액(7/5)을 뿌린다.

거세미나방

발생시기 | 4~6월, 8~11월

피해 상황 유충이 낮에 흙 속에 숨었다가 밤에 땅 닿은 부분을 갉아먹는다. 벼과 잡초에 알을 낳는다.

예방하기 피해 포기의 뿌리를 파내서 유충을 잡는다. 밭 주변과 아주심기한 밭의 잡초를 없앤다.

농약 방제 등록된 농약은 없다. 일본에서는 발생시에 디프 1~3g/㎡(45/6)을 포기 밑에 뿌린다.

담배거세미나방
발생시기 | 7~11월

피해 상황 잎을 갉아먹는다. 알덩어리로 산란하여 부화한 유충은 2령까지 군집을 이루어 해를 입힌다. 3령 이후에 흩어지지만 령이 지날수록 먹는 양은 증가한다.

예방하기 약령기의 유충집단을 잡는 것이 효과적이다.

농약 방제 등록된 농약은 없다. 일본에서는 감자에 사용하는 아세페이트 수화제 1000배액(7/5)을 뿌린다.

꽈리허리노린재
발생시기 | 6~10월

피해 상황 피해는 눈에 띄지 않으나 유충이 줄기에 모여 즙을 빨아먹는다. 피망이나 가지등의 가지과와 나팔꽃 등의 메꽃과 식물에 많이 생긴다.

예방하기 생긴 노린재는 보는 대로 잡는다.

농약 방제 등록된 농약은 없다. 일본에서는 감자에 사용하는 아세페이트 수화제 1000배액(7/5)을 뿌린다.

도둑나방의 일종
발생시기 | 7~11월

피해 상황 잎을 갉아먹는다. 알덩어리로 산란하여 부화한 유충은 2령까지 군집을 이루어 해를 입히고, 3령 이후의 유충은 흩어져서 갉아먹는다.

예방하기 잎 위에 있는 유충을 보는 대로 잡는다.

농약 방제 등록된 농약은 없다. 일본에서는 감자에 사용하는 아세페이트 수화제 1000배액(7/5)을 뿌린다.

쑥갓 |국화과|

- **수확기** 5~6월, 11~12월
- **생기기 쉬운 병해충** 노균병, 탄저병, 잎마름병, 시들음병, 파총채벌레, 아메리카잎굴파리, 진딧물류, 오이총채벌레 등
- **병해충 방제 point** 병든 포기는 뽑아서 밭과 떨어진 곳에서 없앤다. 주변의 잡초를 없앤다.
- **일상관리 point** 논 주변이나 물빼기가 나쁜 밭에서 재배하지 않는다. 이어짓기나 배게심기를 피한다. 비가 올 때 흙이 튀지 않도록 주의한다.

병해충 달력												
	1	2	3	4	5	6	7	8	9	10	11	12
병해				■	■		■	■	■	■		
해충					■	■		■	■	■		

피해 상황 잎에 엷은 황색 또는 황색의 부정형 병반이 생기고, 잎 뒷면에는 흰곰팡이가 생긴다. 증상이 심하면 마른다.

예방하기 공기 중 습도가 높을 때, 비가 계속 내릴 때 많이 생긴다. 잎과 줄기가 빽빽하지 않도록 주의하고 병든 잎을 제거하며, 낙엽도 모아 밭과 떨어진 곳에서 없앤다.

농약 방제 등록된 농약은 없다. 일본에서는 옥사딕실－염기성염화동 혼합 수화제 1000배액(14/2)을 뿌린다.

피해 상황 잎에 둘레가 확실한 원형이나 부정형의 갈색 병반이 생긴다. 줄기에는 움푹한 갈색 병반이 생긴다. 두 가지 경우 모두 심하면 마른다.

예방하기 줄기와 잎이 빽빽하지 않도록 관리한다. 병든 잎과 줄기는 없애고 낙엽도 모아서 밭과 떨어진 곳에서 따로 처리한다.

농약 방제 적당한 농약이 없다.

파총채벌레 피해
발생시기 | 5~11월

피해 상황 잎 표면을 갉아먹어 찰과상 같은 먹은 흔적이 눈에 띈다. 많이 생기면 녹색 부분이 흰색으로 변한다. 고온, 건조, 비가 자주 올 때 잘 생긴다.

예방하기 여름철에 잎에 물주기를 한다.

농약 방제 등록된 농약은 없다. 일본에서는 아메리카잎굴파리에 사용하는 니텐피람 입제 9g/㎡(3/1)을 포기 밑에 뿌린다.

아메리카잎굴파리 피해
발생시기 | 6~11월

피해 상황 유충이 잎살 속에 터널을 만들며 갉아먹는다. 완두굴파리와는 달리 아메리카 잎굴파리는 잎살을 벗어나서 번데기가 된다.

예방하기 노지에서는 천적을 죽이는 살충 제를 쓰지 않으면 거의 발생하지 않는다. 황색 점착지로 성충을 잡는다.

농약 방제 등록된 농약은 없다. 일본에서는 발생 초기에 니텐피람 입제 9g/㎡(3/1)을 포기 밑에 뿌린다.

오이총채벌레 피해
발생시기 | 5~11월

피해 상황 잎맥을 따라 찰과상 같은 하얀 작은 점무늬가 나타나고, 많아지면 찰과상과 같은 먹은 흔적이 잎 표면 전체에 퍼진다. 구입한 열매채소류에서 옮기는 경우도 있으므로 주의한다.

예방하기 청색 점착지로 성충을 잡는다.

농약 방제 등록된 농약은 없다. 일본에서는 아메리카잎굴파리에 사용하는 니텐피람 입제 9g/㎡(3/1)을 포기 밑에 뿌린다.

생강 | 생강과 |

- **수확기** 7~8월, 10~11월
- **생기기 쉬운 병해충** 모자이크병, 뿌리줄기썩음병, 잎집무늬마름병, 흰별무늬병, 도열병, 조명나방, 파밤나방, 담배거세미나방, 머위명나방, 선충류 등
- **병해충 방제 point** 뿌리줄기썩음병의 방제를 위하여 씨생강을 농약으로 옷을 입히거나 담가서 소독한다.
- **일상관리 point** 저습지에서의 재배와 발병지에서의 이어짓기를 피한다. 씨생강은 건강한 것을 골라 사용한다.

병해충 달력												
	1	2	3	4	5	6	7	8	9	10	11	12
병해				■	■	■	■	■	■	■		
해충						■	■	■	■			

피해 상황 짙고 옅은 녹색줄이 잎맥을 따라 세로로 생기고, 잎 전체에 짙고 옅은 녹색의 모자이크 증상이 나타난다. 생육이 나빠진다.

예방하기 병든 포기를 그냥 두면 그 포기에서 발아한 다른 포기도 병에 걸리므로, 병든 포기는 골라내어 밭과 떨어진 곳에서 없애버린다.

농약 방제 농약으로 방제하기 어렵다.

피해 상황 잎집, 뿌리줄기, 어린싹이 병에 걸리고, 땅 닿은 부분의 잎집은 옅은 갈색으로 물러 썩어서 쓰러진다. 뿌리줄기도 점점 갈색으로 물러져서 부패한다.

예방하기 병든 뿌리줄기는 씨생강으로 사용하지 않는다.

농약 방제 등록된 농약은 없다. 일본에서는 옮겨심기 전에 메타실 입제를 흙에 섞어주고, 발병 초기에 프로파모카브 염산 액제 600배액(30/5)을 흙에 준다.

잎집무늬마름병
발생시기 | 4~10월

피해 상황 땅닿은 부분과 가까이에 있는 잎집에 회녹색 또는 갈색의 원형 병반이 생긴다.

예방하기 이어짓기를 피한다. 병든 포기는 주변 흙과 함께 들어내어 없앤다.

농약 방제 등록된 농약은 없다. 일본에서는 타로닐 수화제 1000배액(14/5), 바리신 수화제 500배액(14/4), 펜시쿠론 수화제 1000배액(14/3) 등을 뿌린다.

조명나방 피해
발생시기 | 7~11월

피해 상황 줄기에 해를 입고, 줄기 끝의 잎이 마른다. 주변에 수수, 옥수수 등 숙주식물이 많으면 잘 생긴다.

예방하기 유충은 보는 대로 잡는다. 피해 포기는 뽑아내고 다음해에 발생원이 되지 않도록 수확 후 남는 것을 잘 처리한다.

농약 방제 등록된 농약은 없다. 일본에서는 아세페이트 수화제 1000배액 (45/2)을 뿌린다.

파밤나방
발생시기 | 8~11월

피해 상황 어린싹이나 잎을 갉아먹는다. 알덩어리로 산란하여 부화한 유충은 3령까지 군집을 이루어 해를 입힌다. 흩어진 유충은 잎이나 열매를 갉아먹는다.

예방하기 천적을 보호하기 위하여 밭 주변에 살충제를 많이 뿌리지 않는다.

농약 방제 등록된 농약은 없다. 일본에서는 조명나방에 사용하는 아세페이트 수화제 1000배액(45/2)을 뿌린다.

수박 |박과|

- **수확기** 7~8월
- **생기기 쉬운 병해충** 덩굴쪼김병, 탄저병, 덩굴마름병, 갈색부패병, 녹반모자이크병, 역병, 모잘록병, 균핵병, 흰가루병, 목화진딧물, 응애류, 오이잎벌레 등
- **병해충 방제 point** 진딧물이나 오이잎벌레 등이 날아오는 것을 방지하기 위하여 은색 바닥덮기를 한다.

- **일상관리 point** 발병지에서 이어짓기를 피하고 밭의 물빼기를 잘한다. 박이나 호박을 바탕나무로 한 접나무모를 사용하고, 바닥덮기를 하여 재배한다.

병해충 달력		1	2	3	4	5	6	7	8	9	10	11	12
	병해												
	해충												

피해 상황 땅 닿은 부분의 줄기가 갈색으로 변하여 연약해지고, 뿌리는 갈변 부패하며 시든 지 며칠 지나면 마른다.

예방하기 흙 속에 있는 병원균이 뿌리로 침입하여 감염된다. 박이 바탕나무인 접나무모를 사용한다. 흙을 소독한 후에 옮겨 심는다.

농약 방제 다조메 입제를 아주심기 3주 전에 깊이 15~25cm로 흙과 잘 섞는다.

피해 상황 수박의 덩굴쪼김병과 같은 증상으로 접나무모의 바탕나무인 박의 뿌리가 갈색으로 변하여 부패하고, 시든 후 며칠이 지나면 마른다.

예방하기 이어짓기를 피한다. 이 병이 생긴 흙에서는 호박을 바탕나무로 하여 접목한다.

농약 방제 증상이 생기면 농약으로 방제하기 어렵다.

탄저병
발생시기 | 4~10월

피해 상황 잎에 둥근 암갈색 테두리의 병반이 생긴다. 그 병반의 중심부분이 쉽게 부서진다.

예방하기 줄기와 잎이 웃자라지 않고 비를 맞지 않게 한다. 물빠짐이 잘 되게 관리한다.

농약 방제 디치 액상수화제, 리프졸 유제 등을 사용한다. 일본에서는 아족시스트로빈 액상수화제 2000배액(전날/4), 지오판 입제(전날), 폴리카바메이트 수화제 800배액(7/5) 등을 뿌린다.

덩굴마름병
발생시기 | 5~10월

피해 상황 줄기에 암갈색으로 물든 듯한 병반이 생기고, 뒷면의 잎맥도 암갈색으로 갈라진 모양의 병반을 만든다. 심하면 마른다.

예방하기 병반 위에 생긴 검은색의 작은 입자가 전염원이다. 병든 잎이나 줄기, 낙엽을 모아서 따로 없앤다.

농약 방제 등록된 농약은 없다. 일본에서는 이프로-염기성염화동 수화제 500배액(전날/4)을 뿌리고, 지오파 도포제를 발병 초기의 병반에 바른다.

갈색부패병
발생시기 | 5~8월

피해 상황 열매에 물든 듯한 갈색 병반이 생겨 물러지고 부패하며, 흰곰팡이가 생긴다.

예방하기 비로 흙탕이 열매에 튀면 생긴다. 비닐 바닥덮기를 하거나 흙을 건조시킨다.

농약 방제 등록된 농약은 없다. 일본에서는 옥사딕실-염기성염화동 혼합수화제 500배액(3/3)이나, 메타실동 수화제 800배액(7/3)을 뿌린다.

목화진딧물 피해
발생시기 | 4~9월

피해 상황 진딧물이 기생한 잎이 위축되어 생육이 저해된다. 그을음병을 일으키거나 바이러스병을 옮긴다. 여름철에 많이 생긴다.

예방하기 은색 바닥덮기를 하여 방지한다. 질소 성분이 많으면 잘 생기므로 질소비료의 사용을 줄인다.

농약 방제 진딧물류 방제용으로 피메트로진 수화제를 비롯하여 벤즈 입제, 비펜스린 수화제 등 여러 가지 농약이 등록되어 있다.

오이총채벌레 피해
발생시기 | 5~11월

피해 상황 잎이나 열매에 피해가 나타나고, 잎에는 잎맥을 따라 찰과상 같은 작은 점무늬가 나타난다. 많이 생기면 찰과상과 같은 먹은 흔적이 잎 표면 전체와 열매 표면에도 퍼진다.

예방하기 청색 점착지로 성충을 잡는다.

농약 방제 등록된 농약은 없다. 일본에서는 아메리카잎굴파리에 사용하는 니텐피람 입게 1~2g/포기(아주심기/1)을 포기 밑에 뿌려서 동시에 방제한다.

점박이잎응애 피해
발생시기 | 5~11월

피해 상황 잎응애가 기생한 잎 표면에는 하얀 점무늬가 많이 생기고 포기 전체에 퍼진다. 많이 생기면 실을 토해내어 꼭대기에 모여 흩어진다

예방하기 잎응애를 옮기기 때문에, 콩과나 박과, 가지과 등을 근처에 재배하지 않는다.

농약 방제 밀베멕틴 유제, 비페나제이트 액상수화제 등이 등록되어 있다. 일본에서는 디코폴 유제 2000배액(3/2)이나 밀베멕틴 유제 1000배액(7/2)을 뿌린다.

차먼지응애 피해
발생시기 | 5~11월

피해 상황 응애가 기생한 새잎이 딱딱해지고 순멎음하거나, 열매에 화상을 입은 듯한 녹증상이 생긴다. 새잎에 기생하고, 잎 뒷면에서는 응애의 여러 성장 형태를 볼 수 있다.

예방하기 차 등의 숙주식물을 가깝게 재배하지 않는다.

농약 방제 등록된 농약은 없다. 일본에서는 디코폴 유제 2000배액(3/2)이나 밀베멕틴 유제 1000배액(전날)을 뿌린다.

왕담배나방
발생시기 | 6~10월

피해 상황 유충은 열매 표면, 어린잎, 꽃 등을 갉아먹는다. 열매채소류 등 많은 작물에 해를 입힌다. 일반적으로 살충제를 뿌리는 횟수가 많은 곳에서 잘 생기는 경향이 있다. 년 3~4회 발생한다.

예방하기 유충은 보는 대로 잡는다.

농약 방제 등록된 농약은 없다. 일본에서는 비티 수화제 1000배액(7/4)을 뿌린다.

오이잎벌레
발생시기 | 4~10월

피해 상황 성충이 잎을 불규칙하게 갉아먹고, 유충은 뿌리에 해를 입힌다. 뿌리에 해를 입으면 땅 윗부분은 말라 죽는다. 성충은 배추, 가지, 쑥갓, 과꽃 등을 갉아먹는다.

예방하기 파와 섞어 심거나 은색으로 바닥 덮기하여 성충이 날아오는 것을 막는다. 보는 대로 잡는다.

농약 방제 등록된 농약은 없다. 일본에서는 발생기에 마라치온 유제 2000배액(전날/6)을 뿌린다.

누에콩 |콩과|

- **수확기** 5~6월
- **생기기 쉬운 병해충** 모자이크병, 잘록병, 줄기썩음병, 균핵병, 적색점무늬병, 갈색점무늬병, 아카시아진딧물, 완두굴파리, 오이총채벌레 등
- **병해충 방제 point** 모자이크병을 막기 위해서 진딧물 방제에 노력한다.
- **일상관리 point** 은색필름이나 은색

발광 필름으로 바닥덮기하여 진딧물이 날아오는 것을 막는다.

병해충 달력		1	2	3	4	5	6	7	8	9	10	11	12
	병해												
	해충												

모자이크병
발생시기 | 4~11월

피해 상황 잎에 짙고 옅은 녹색 모자이크 증상이 나타나고 생육이 나빠진다.

예방하기 병이 생기는 것에는 여러 원인이 있는데, 대부분 진딧물에 의해 병이 옮겨지므로 진딧물을 방제한다. 주위에 병든 포기가 있으면 많이 생기므로 제거한다.

농약 방제 농약 방제가 어렵다.

잘록병
발생시기 | 3~6월

피해 상황 잎이 시들고 잎과 줄기가 검게 마른다. 잔 뿌리가 검게 부패하거나 땅 닿은 부분의 줄기가 검다.

예방하기 이어짓기하지 않는다. 병든 포기는 주위의 흙과 함께 밭과 떨어진 곳에서 처분한다. 심기 전에 흙을 소독한다.

농약 방제 병든 후에는 약이 없다.

줄기썩음병
발생시기 | 4~6월

피해 상황 땅 닿은 부분의 줄기가 흑갈색으로 물에 잠긴 것처럼 물러서 썩는다. 이 때문에 잎이 시들고 심하면 포기가 마른다.

예방하기 이어짓기를 피한다. 흙에 수분이 많지 않도록 주의하고 심기 전에 미리 흙을 소독한다.

농약 방제 병이 생기면 효과적인 농약이 없다. 미리 흙을 소독한다.

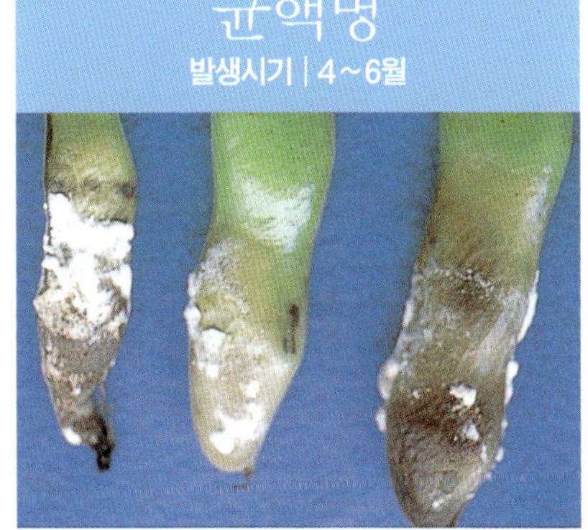

균핵병
발생시기 | 4~6월

피해 상황 줄기와 콩꼬투리에 생기고, 솜털 모양의 흰곰팡이가 생겨서 물러지고 부패한다. 이곳에 쥐똥과 같은 흑색 균씨가 생긴다.

예방하기 지난해에 병이 발생했던 곳에 많이 생기므로 이어짓기를 피한다. 피해 부분을 제거하여 밭과 떨어진 곳에서 처분한다.

농약 방제 등록된 농약은 없다. 일본에도 이 병에 사용하는 농약은 없지만, 이프로 수화제를 뿌리는데 효과적이다.

적색점무늬병
발생시기 | 4~7월

피해 상황 잎, 줄기, 꼬투리에 생기고, 잎에는 적갈색으로 지름 1~2mm의 작은 원형 점무늬가 생겨 건강한 부분과 확실하게 구분할 수 있다. 그 병반 위에 곰팡이가 생긴다.

예방하기 피해 입은 잎과 줄기 등을 제거하고, 낙엽도 모아서 밭과 떨어진 곳에서 처분한다.

농약 방제 등록된 농약은 없다. 일본에서는 폴리카바메이트 수화제 1000배액(30/3)을 뿌린다.

피해 상황 잎 뒷면과 잎자루에 기생하며 해를 입힌다. 따뜻한 겨울, 고온, 비가 자주 오는 해에 많이 발생한다.

예방하기 은색 바닥덮기를 하여 방제한다.

농약 방제 등록된 농약은 없다. 일본에서는 발생기에 메프 유제 1000배액(3/3)을 뿌린다.

피해 상황 유충이 잎살 속을 터널모양으로 갉아먹어 사진처럼 피해가 나타난다. 아메리카잎굴파리와는 달리 완두굴파리는 잎살 속에서 번데기가 된다.

예방하기 사진의 모양처럼 무늬 끝에 있는 유충이나 번데기를 눌러서 잡는다.

농약 방제 등록된 농약은 없다. 일본에서는 퍼메쓰린 유제 2000배액(전날/3) 또는 메프 유제 1000배액(3/3)을 뿌린다.

피해 상황 잎이 갈색으로 변한다. 많이 생기면 피해는 잎 전체나 꼬투리 표면까지도 퍼진다. 고온일 때 많이 발생한다.

예방하기 청색 점착지로 성충을 잡는다. 살충제를 많이 사용하면 천적이 죽어서 많이 생길 수도 있으므로 살충제 사용에 주의한다. 열매채소류에서도 옮겨오므로 주의한다.

농약 방제 적당한 농약이 없다

살충제를 자주 사용하면 왜 해충이 늘어날까?

살충제 또는 살응애제를 뿌려도 죽지 않는 해충이 있다. 점박이잎 응애, 복숭아혹진딧물, 목화진딧물, 온실가루이, 꽃노랑총채벌레, 오이총채벌레, 아메리카잎굴파리 등의 해충이다. 심한 경우에는 살충제를 뿌렸을 때, 아무 처리도 하지 않은 경우보다 해충이 늘어 날 수 있다. 이런 해충은 살충제에 매우 강하다.

그러나 반대로 천적은 살충제에 쉽게 죽어버리는 약한 것이 많 다. 그 때문에 살충제를 자주 사용하면 천적류는 죽고, 살충제에 강 한 해충만 살아남는다. 농약을 자주 뿌리는 밭은 이런 해충의 천국 이다. 믿었던 천적류가 살충제로 없어져버렸기 때문이다.

그런데 살충제에 강한 해충은 외국에서 들어왔거나 세계에 넓게 퍼져 있는 종류이기 때문에 여러 환경에 잘 적응한다. 농약으로 천 적과 경쟁상대가 없어진 밭에서는 해충이 활보한다. 살충제를 뿌리 지 않으면 해충이 많이 생기는 것을 억제할 수는 있지만, 살충제를 뿌리지 않아도 해충이 나타나 결국 해를 입게 된다. 정말 최선의 대 처방법은 없는 것일까? 천적을 죽이지 않고 해충만 없애버리는 살 충제가 있다면, 천적이 이런 강한 해충을 억제할 수 있을 것이다.

무 |배추과|

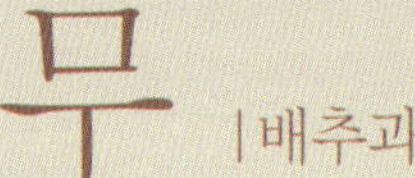

- **수확기** 3~8월, 11~12월
- **생기기 쉬운 병해충** 모자이크병, 노균병, 검은무늬병, 무름병, 위황병, 검은무늬세균병, 배추흰나비, 진딧물류, 벼룩잎벌레 등
- **병해충 방제 point** 진딧물류나 벼룩잎벌레가 날아오는 것을 방지하기 위하여 은색 필름으로 바닥덮기를 한다.
- **일상관리 point** 병이 생겼던 곳에서 이어짓기를 피하고 밭의 물빼기를 잘 하고 너무 습하지 않게 한다. 소석회 등을 사용하여 흙의 pH를 조절한다.

병해충 달력												
	1	2	3	4	5	6	7	8	9	10	11	12
병해												
해충												

모자이크병
발생시기 | 3~10월

피해 상황 잎에 짙고 옅은 녹색 모자이크 증상이 생기고, 잎이 오글쪼글해지거나 기형이 되어 포기 전체가 오그라든다.

예방하기 진딧물이 이 병을 옮기므로 농약 방제는 어렵다. 진딧물을 방제한다. 병든 포기는 뽑아서 처분한다.

농약 방제 적당한 농약이 없다.

검은썩음병
발생시기 | 6~11월

피해 상황 잎이 누렇게 되고 잎자루가 검게 마른다. 무의 표면도 흑갈색으로 썩고, 자르면 속도 검게 썩어 있다.

예방하기 매년 같은 장소에서 무, 양배추를 이어짓기하지 않는다. 병원균은 상처를 통해 침입하므로 상처나지 않도록 주의한다.

농약 방제 등록된 농약은 없다. 일본에도 이 병을 방제하는 농약은 없지만, 동 수화제를 뿌려 효과를 보고 있다.

피해 상황 잎의 잎자루나 뿌리(무부분)의 머리부분이 물러서 부패하고 악취가 난다.

예방하기 같은 장소에서 이어짓기를 피한다. 벼룩잎벌레 등의 토양해충을 방제한다. 잎을 꺾거나 상처가 안 나도록 주의한다.

농약 방제 등록된 농약은 없다. 일본에서는 코퍼설페이트베이직 500배액(전날까지) 또는 디치돈 수화제 500배액(30/3)을 뿌린다.

피해 상황 바깥 잎부터 누렇게 시든다. 점점 안쪽 잎도 황색으로 시들어 마른다. 뿌리를 자르면 속에 있는 관다발이 둥근 테모양으로 검게 변해 있다.

예방하기 이어짓기를 피한다. 병든 포기는 주위의 흙과 함께 밭과 떨어진 곳에서 처분한다.

농약 방제 등록된 농약은 없다. 일본에서는 이 병에 대한 농약은 아니지만, 지오판 수화제로 씨앗에 옷을 입혀 뿌린다.

피해 상황 잎에 옅은 황색 병반이 생기고, 뿌리(무 부분) 표면에 옅은 갈색물이 든 것같은 병반이 생긴다.

예방하기 비가리개를 하고, 피해 포기를 없앤다. 비가 올때 주변의 흙이 무에 튀지 않도록 짚이나 비닐 바닥덮기를 한다.

농약 방제 등록된 농약은 없다. 일본에서는 이 병에 대한 농약이 없지만, 동 수화제를 수확 전날까지 뿌린다.

배추흰나비
발생시기 | 4~6월, 9~11월

피해 상황 유충이 잎을 갉아먹는다. 노령유충의 피해는 심각하다. 5~6월에 개체수가 증가한다.

예방하기 어린 모종일 때 방충망을 쳐서 피해를 막는다. 밭 주변에 성충에게 꿀을 공급하는 꽃을 재배하지 않는다.

농약 방제 등록된 농약은 없다. 일본에서는 유충 발생기에 비티 수화제 1000~2000배액(7/4) 또는 테프루벤주론 유제 2000배액(7/2)을 뿌린다.

배추좀나방
발생시기 | 6~10월

피해 상황 잎 뒷면부터 겉껍질 1장만 남기고 갉아먹는다. 또 잎맥과 해충이 먹은 부위를 따라 산란한다. 노령유충의 피해가 크다.

예방하기 주위에 토끼풀을 재배하여 천적이 살 수 있는 환경을 만든다. 천적인 거미를 이용하기 위해 거미에게 해가 되는 농약을 사용하지 않는다.

농약 방제 등록된 농약은 없다. 일본에서는 비티 수화제 1000~2000배액(7/4)을 뿌린다.

완두굴파리 피해
발생시기 | 6~11월

피해 상황 유충이 잎살 속을 터널모양으로 갉아먹어 사진과 같은 피해가 나타난다. 아메리카잎굴파리와는 달리 완두굴파리는 잎살 속에서 번데기가 된다.

예방하기 사진처럼 갉아먹은 흔적 끝에 있는 유충과 번데기를 손으로 눌러서 잡는다.

농약 방제 등록된 농약은 없다. 일본에서는 마라치온 유제 1000배액(14/6) 또는 아세페이트 수화제 1500배액(14/2)을 뿌린다.

배추순나방
발생시기 | 6~11월

피해 상황 유충이 속잎을 얽어매어 그 속에 살면서 갉아먹는다. 성장 초기의 포기는 순 멎음한다. 배추과의 어린 식물을 좋아하여 그곳에 산란하고 9월경에 많이 발생한다. 기온이 높고 비가 적은 해에 잘 생긴다.

예방하기 특별한 방법이 없다.

농약 방제 등록된 농약은 없다. 일본에서는 마라치온 유제 1000배액(14/6) 또는 아세페이트 수화제 1500배액(14/2)을 뿌린다.

무테두리진딧물
발생시기 | 3~11월

피해 상황 잎에 기생하고 많이 생기면 가루를 뿌린 것처럼 보인다. 생육을 저해한다. 봄보다 가을에 많이 생긴다.

예방하기 주변에 은색 바닥덮기를 하는 것이 좋다.

농약 방제 등록된 농약은 없다. 일본에서는 아세페이트 입제 3~4g/㎡(씨뿌리기 전/2)을 뿌리거나, 발생시에 아세페이트 수화제 1500배액(14/2)을 줄기와 잎 등에 뿌린다.

복숭아혹진딧물
발생시기 | 3~11월

피해 상황 새잎과 잎 뒷면에 군집을 이루어 기생한다. 많이 생기면 성장을 저해한다.

예방하기 집 텃밭에서는 방충망을 이용하는 것이 좋다.

농약 방제 등록된 농약은 없다. 일본에서는 아세페이트 입제 3~4g/㎡(씨뿌리기 전/2)을 심을 곳에 뿌린다. 발생시에는 아세페이트 수화제 1500배액(14/2)을 줄기와 잎 등에 뿌린다.

양파 |백합과|

- **수확기** 5~6월
- **생기기 쉬운 병해충** 오갈병, 마른썩음병, 잿빛부패병, 검은무늬병, 노균병, 파굴파리, 파총채벌레, 파혹진딧물, 씨고자리파리, 고자리파리, 뿌리응애 등
- **병해충 방제 point** 겨울부터 초봄에 걸쳐 병든 포기를 없앤다. 모판을 방충망으로 덮는다.
- **일상관리 point** 저습지에서의 재배와 이어짓기를 피한다. 병이 없는 건강한 모종을 이용한다.

병해충 달력												
	1	2	3	4	5	6	7	8	9	10	11	12
병해				■	■	■			■	■		
해충						■	■		■	■	■	

피해 상황 잎에 짙고 옅은 녹색의 모자이크 증상이 물에 젖은 듯하고, 잎이 황록색으로 변하거나 심하면 오그라들어 전체가 위축된다.

예방하기 진딧물이 병을 옮긴다. 방충망 등으로 포기를 씌워서 진딧물을 방제한다. 주위에 있는 병든 포기는 뽑아낸다.

농약 방제 농약으로 방제하기 어렵다.

피해 상황 성장 중에 바깥 잎이 누렇게 시들고 점점 안쪽 잎도 시들어 마른다. 양파의 줄기가 갈색으로 부패한다.

예방하기 이어짓기를 피한다. 피해 포기는 주변의 흙과 함께 들어내 밭과 떨어진 곳에서 처분한다. 옮겨심기 전에 흙을 미리 소독한다.

농약 방제 등록된 농약은 없다. 일본에서는 베노밀 수화제에 모종의 뿌리부분을 담갔다 심는다.

잿빛부패병
발생시기 | 6~11월

피해 상황 땅 닿은 부분의 아래에 있는 양파 알부분이 갈색으로 부패하고 심하면 시든다. 저장 중에도 알에 우단모양의 회색곰팡이가 생겨 썩는다.

예방하기 병든 양파를 심지 않고, 부패한 양파는 밭 주변에 그냥 내버려두지 않는다.

농약 방제 메타실-지오판 또는 메타실-디치 혼합수화제가 등록되어 있다. 일본에서는 지오판 수화제에 모종을 담갔다가 심거나 수확 전날까지 뿌린다.

파좀나방 피해
발생시기 | 5~11월

피해 상황 유충이 양파의 잎에 들어가 안쪽부터 갉아먹는다. 먹은 흔적이 하얀 무늬로 나타난다. 년 5~6회 생긴다.

예방하기 특별한 방법이 없다.

농약 방제 등록된 농약은 없다. 일본에서는 발생시에 마라치온 유제 1000배액(7/6)을 뿌린다.

파총채벌레 피해
발생시기 | 5~11월

피해 상황 잎 표면을 갉아먹기 때문에 찰과상 같은 흔적이 나타난다. 꺾인 잎 안쪽에 산다. 고온, 건조, 비가 적을 때 많이 생긴다.

예방하기 여름에 잎에 물을 주어 씻어낸다.

농약 방제 등록된 농약은 없다. 일본에서는 마라치온 유제 1000배액(7/6)을 뿌린다.

청경채 | 배추과 |

- **수확기** 6~12월
- **생기기 쉬운 병해충** 흰녹병, 균핵병, 누른모자이크병, 위황병, 무름병, 진딧물류, 벼룩잎벌레, 배추흰나비, 배추좀나방, 비단노린재 등
- **병해충 방제 point** 여름철에 빛을 가리는 것과 함께 자재를 둘러서 해충이 날아오는 것도 예방한다.

- **일상관리 point** 저습지에서는 물빼기를 잘한다. 배추과 채소를 이어짓기하지 않는다. 산성토양에는 소석회나 석회질소를 사용하여 pH를 조절한다.

병해충 달력	1	2	3	4	5	6	7	8	9	10	11	12
병해				■	■		■	■	■			
해충			■	■	■	■	■	■	■	■	■	

피해 상황 잎 뒷면에 작고 하얀 부정형 점무늬가 많이 생긴다. 그 표면은 점점 누렇게 되어 시든다.

예방하기 병든 잎과 시들어 마른 잎 속에서 병원균이 활동하며 전염시키므로 그런 잎을 없앤다.

농약 방제 등록된 농약은 없다. 일본에서는 다른 배추과에 사용하는 농약이지만, 디크론 수화제 800배액(14/3)을 뿌린다.

피해 상황 잡식성으로 성충과 유충이 잎에 해를 입혀 불규칙한 구멍을 만든다. 8~9월에 많이 생긴다. 년 1회 발생하며 알로 월동한다.

예방하기 유충이나 성충을 보는 대로 잡는다.

농약 방제 적당한 농약이 없다.

무테두리진딧물
발생시기 | 3~11월

피해 상황 잎에 기생하며 많이 생기면 가루를 뿌린 것처럼 보인다. 성장을 방해한다. 봄보다 가을에 많이 생긴다.

예방하기 주위에 은색 바닥덮기를 하거나 방충망을 설치한다.

농약 방제 적당한 농약이 없다.

벼룩잎벌레
발생시기 | 7~10월

피해 상황 성충이 잎을 점점이 갉아먹고, 유충은 뿌리에 핥은 것 같은 해를 입힌다. 배추과를 이어짓기하면 많이 발생한다.

예방하기 배추과 작물을 이어짓기하지 않는다. 0.8mm 방충망을 치면 피해를 줄일 수 있다.

농약 방제 적당한 농약이 없다.

배추흰나비
발생시기 | 4~6월, 9~11월

피해 상황 유충이 잎을 갉아먹는다. 노령유충의 피해는 심각하다. 5~6월에 개체수가 증가한다.

예방하기 어린 모종일 때 방충망을 쳐서 피해를 방지한다. 밭 주변에 성충에게 꿀을 공급하는 꽃을 재배하지 않는다.

농약 방제 등록된 농약은 없다. 일본에서는 유충 발생기에 비티 수화제 1000~2000배액(7/4) 또는 테프루벤주론 유제 2000배액(14/2)을 뿌린다.

옥수수 |벼과|

- **수확기** 6~8월
- **생기기 쉬운 병해충** 모자이크병, 줄무늬오갈병, 도복세균병, 깜부기병, 모잘록병, 조명나방, 풀색노린재, 왕담배나방, 거세미나방, 콩풍뎅이 등
- **병해충 방제 point** 피해 포기를 빨리 뽑아서 밭과 떨어진 곳에서 처분한다. 진딧물류가 날아오는 것을 막기 위하여 은색 필름으로 바닥덮기를 한다.
- **일상관리 point** 이어짓기를 피하고 물빼기를 잘한다.

병해충 달력												
	1	2	3	4	5	6	7	8	9	10	11	12
병해				■	■	■	■					
해충					■	■	■					

피해 상황 잎에 짙고 옅은 녹색 병반이 잎맥을 따라 줄무늬 모양으로 나타나고, 생육이 나빠진다.

예방하기 진딧물이 병을 옮기므로 방충망으로 포기를 덮어서 진딧물을 막는다. 진딧물은 봄과 가을에 많이 생긴다. 병든 포기는 뽑아버린다.

농약 방제 농약으로 방제할 수 없다.

피해 상황 포기 전체가 오그라든다. 잎맥이 부풀어오르고 줄무늬 모양의 선이 확실하게 생긴다.

예방하기 애멸구가 병을 옮기므로 애멸구를 방제한다. 특히 주변에 보리밭이 있으면 더욱 주의한다.

농약 방제 농약으로 방제할 수 없다.

피해 상황 잎집 속에 물이 스민 것 같은 옅은 갈색의 부정형 병반이 생기고, 다갈색으로 부패하여 꺾이고 마른다.

예방하기 비가 계속 오면 많이 생긴다. 흙에 수분이 적도록 한다. 병든 포기는 뽑아서 처분하고 이어짓기를 피한다.

농약 방제 씨로 전염된다고 생각하지만 사용하는 농약은 없다.

피해 상황 암이삭에 하얀 막을 씌운 듯한 균덩어리가 형성된다. 나중에 이것이 터지면 속에서 검은 가루(병원균)가 나온다. 이 병은 다른 이름으로 '도깨비' 라고도 한다.

예방하기 비가 계속 오면 많이 생긴다. 흙 속의 수분이 적도록 하고, 병든 부분은 제거하여 밭과 떨어진 곳에서 처분한다.

농약 방제 사용하는 농약이 없다.

피해 상황 잎이 누렇게 변하여 시든다. 뿌리와 땅 닿은 부분의 줄기가 갈색으로 변하여 썩는다. 잘라보면 속도 갈색으로 변해 있다.

예방하기 같은 장소에서 이어짓기를 피한다. 흙은 씨를 뿌리기 전에 소독하고 병든 포기는 없앤다.

농약 방제 등록된 농약은 없다. 일본에서는 씨를 베노람 수화제로 옷을 입혀 뿌린다.

피해 상황 줄기에 해를 입고 줄기 끝의 잎이 말라 죽는다. 옥수수 열매도 갉아먹는다.

예방하기 강낭콩과 섞어 심어 피해를 방지한다. 유충은 보는 대로 잡는다. 피해 이삭은 제거하고, 다음해에 발생 원인이 되지 않게 수확하고 남은 것들을 깨끗하게 치운다.

농약 방제 등록된 농약은 없다. 일본에서는 퍼메쓰린 유제 1000배액(14/4)을 뿌린다.

피해 상황 겉껍질 위를 찔러서 옥수수 열매의 즙을 빤다. 해를 입은 열매는 갈변하고 오그라든다. 오크라, 피망, 가지, 토마토, 고추 등에도 기생한다.

예방하기 강낭콩과 섞어 심어서 피해를 방지한다. 노린재의 성충과 유충을 보는 대로 잡는다.

농약 방제 등록된 농약은 없다. 일본에서는 퍼메쓰린 유제 1000배액(14/4)을 뿌린다.

피해 상황 유충이 열매에 해를 입힌다. 열매채소류 등 많은 작물에 해를 입힌다. 일반적으로 살충제를 뿌리는 횟수가 많은 지역에서 많이 생긴다. 년 3~4회 발생한다.

예방하기 강낭콩과 섞어 심어서 피해를 방지한다. 먹어 들어간 부분에 배설물을 배출하는 유충을 보고 잡는다.

농약 방제 등록된 농약은 없다. 일본에서는 비티(생균) 과립수화제 1000배액(7/4)을 뿌린다.

거세미나방
발생시기 | 4~6월, 8~11월

피해 상황 유충이 낮에는 흙 속에 있다가 밤에 땅과 닿은 부분을 갉아먹는다. 벼과 잡초에 산란한다.

예방하기 피해 포기 밑을 파서 유충을 잡는다. 주변과 아주심기할 밭의 잡초를 없앤다.

농약 방제 등록된 농약은 없다. 일본에서는 발생시에 퍼메쓰린입제 3g/㎡ (생육 초기/4) 을 포기 밑에 뿌린다.

콩풍뎅이
발생시기 | 7~9월

피해 상황 성충이 잎을 갉아먹는다. 유충은 뿌리를 갉아먹는다. 대단한 잡식성으로 각종 식물의 잎을 갉아먹는다.

예방하기 강낭콩과 섞어 심어서 피해를 방지한다. 성충은 보는 대로 잡는다.

농약 방제 등록된 농약은 없다. 일본에서는 조명나방에 사용하는 메프 유제 1000배액 (7/4)을 뿌린다.

해충의 천적이 모이는 옥수수

애꽃노린재는 가지에 생기는 해충의 뛰어난 천적이다. 가지 주변에 옥수수를 심으면 옥수수의 수꽃이 필 무렵, 암꽃에 애꽃노린재가 모인다. 옥수수를 가지 밭 둘레에 심으면 가지에 생기는 해충의 천적이 많이 모일 수 있다.

토마토 |가지과|

- **수확기** 6~8월
- **생기기 쉬운 병해충** 모자이크병, 황화시들음병, 세균부패병, 풋마름병, 궤양병, 모잘록병, 역병, 반신위조병, 도둑나방류, 왕담배나방, 진딧물류, 노린재, 뿌리혹선충 등
- **병해충 방제 point** 아주심기할 때 농약 입제를 뿌리거나, 은색 바닥덮기를 하여 진딧물이 날아오는 것을 막는다.
- **일상관리 point** 가지과 채소의 이어짓기를 피하고 비가리개를 설치하여 재배하며, 물빼기가 잘 되도록 두둑을 높인다.

병해충 달력												
	1	2	3	4	5	6	7	8	9	10	11	12
병해												
해충												

모자이크병
발생시기 | 4~11월

피해 상황 잎에 짙고 옅은 녹색 모자이크 증상이 생기고, 실잎처럼 가늘게 기형이 된다. 열매는 울퉁불퉁해지고, 안쪽 관다발이 백색 또는 갈색으로 변한다.

예방하기 진딧물이 병을 옮기므로 진딧물을 방제한다. 병든 포기는 뽑아서 없애버린다.

농약 방제 농약으로 방제하기 어렵다.

황화시들음병
발생시기 | 4~11월

피해 상황 잎과 줄기에 갈색의 괴저무늬가 나타나고, 생장점 부근의 잎과 줄기가 누렇게 변해서 마른다. 열매에도 갈색 점무늬가 나타난다.

예방하기 총채벌레가 병을 옮기므로 총채벌레를 방제한다. 병든 포기는 뽑아서 밭과 떨어진 곳에서 처분한다.

농약 방제 이 병은 농약 방제가 어렵다.

피해 상황 열매가 물러져 부패하고, 안에서 과즙이 스며나오며 표면에 주름이 잡힌다. 물러서 부패해도 냄새가 없는 것이 특징이다.

예방하기 비가 계속 올 때 발생하기 쉽다. 흙에 수분이 적도록 주의한다.

농약 방제 등록된 농약은 없다. 일본에서는 이 병에 사용하는 농약은 없지만, 궤양병에 쓰이는 농약을 뿌려서 동시에 방제한다.

피해 상황 잎, 줄기가 녹색인 채로 마른다. 뿌리가 흑갈색으로 부패하고, 줄기를 자르면 관다발이 암갈색이 되어 그곳에서 더러운 흰 즙이 흘러나온다.

예방하기 토마토와 가지 등을 이어짓기하지 않는다. 흙에 수분이 적도록 물빼기를 잘한다. 미리 흙을 소독한다.

농약 방제 다조메 입제 30g/㎡을 아주심기 4주 전에 흙에 뿌린다.

피해 상황 잎과 줄기에 부스럼 딱지 같은 작은 점무늬가 생기고, 줄기의 심이 갈색으로 부패한다. 열매에는 새의 눈 같은 점무늬가 생긴다.

예방하기 비가 계속 오면 생기기 쉽다. 밭에 수분이 적도록 관리하고 바닥덮기를 한다.

농약 방제 등록된 농약은 없다. 일본에서는 가스신－보르도 1000배액(전날/5)을 뿌린다. 곁꽃눈이 핀 후에도 뿌린다.

시들음병
발생시기 | 5~11월

피해 상황 아랫잎부터 싹과 줄기가 점점 황색으로 시들어 마른다. 뿌리는 갈색으로 부패하고, 줄기를 잘라보면 관다발이 갈색으로 변해 있다.

예방하기 같은 장소에서 이어짓기를 피한다. 피해 포기는 없앤다.

농약 방제 다조메 입제 30g/㎡을 아주심기 4주 전에 흙에 섞는다. 일본에서는 흙을 미리 소독하고 씨는 지오판으로 옷을 입혀 뿌린다.

갈색뿌리썩음병
발생시기 | 4~10월(한여름 제외)

피해 상황 잎이 시들고 심하면 마른다. 뿌리는 소나무 줄기의 표면처럼 부패한다.

예방하기 이어짓기를 피한다. 피해 포기는 주변의 흙과 함께 제거하여 밭과 떨어진 곳에서 처분한다.

농약 방제 병이 생긴 후에는 효과적인 농약이 없다. 미리 흙을 소독하고 심는다.

반신위조병
발생시기 | 4~11월

피해 상황 처음에 포기의 한쪽 잎에 증상이 나타나고 잎 한쪽이 누렇게 변한다. 이 때 포기 전체에 생기가 없어지고 곧 잎 전체가 황색이 되어 시드는데 심하면 마른다.

예방하기 같은 밭에 토마토, 가지를 이어짓기하지 않는다. 미리 흙을 소독하고 심는다. 피해 포기는 제거하여 밭과 떨어진 곳에서 처분한다.

농약 방제 적당한 농약이 없다.

역병
발생시기 | 5~7월

피해 상황 잎에 둘레가 흐릿한 부정형의 암녹색 병반이 생기고, 잎 뒷면이나 병반 위에 서리모양의 곰팡이가 생긴다.

예방하기 장마철에 많이 생긴다. 줄기, 잎을 촘촘하지 않게 하고 비닐 바닥덮기를 한다. 토마토가 해를 가장 많이 입는다.

농약 방제 등록된 농약은 없다. 일본에서는 타로닐 1000배액 또는 만코지-메타락실 혼합수화제 750배액(전날/2)을 뿌린다.

겹무늬병
발생시기 | 5~11월

피해 상황 잎에 원형 또는 부정형의 암갈색 큰 병반이 생기고, 둥근 테두리무늬를 만든다. 곧 잎이 시든다.

예방하기 피해 잎과 낙엽을 모아 처분한다. 잎과 줄기가 빽빽하지 않게 관리한다.

농약 방제 타로닐 수화제, 아족시스트로빈 액상수화제 등을, 일본에서는 폴리카바메이트 수화제 800배액(전날/2), 타로닐 수화제 1000배액(전날/2), 코퍼설페이트베이직 600배액(전날/적정)을 뿌린다.

담배거세미나방
발생시기 | 7~11월

피해 상황 알덩어리로 산란하여 부화한 유충은 2령까지 군집을 이루어 잎을 갉아먹는다. 3령 이후에 흩어지지만 령이 지날수록 먹는 양이 증가한다.

예방하기 약령기의 유충집단을 잡는 것이 효과적이다.

농약 방제 등록된 농약은 없다. 일본에서는 진딧물용인 아세페이트 수화제 1000배액(7/3)이나 테프루벤주론 유제 2000배액(12일 전)을 뿌려서 동시에 방제한다.

물자라노린재
발생시기 | 6~10월

피해 상황 겉껍질 위를 찔러서 열매의 즙을 빤다. 해를 입은 열매는 즙을 빤 곳에 상처가 남는다. 심하면 열매가 갈색으로 변하고 쪼그라든다. 오크라, 피망, 가지, 토마토, 고추 등에도 기생한다.

예방하기 노린재를 보는 대로 잡는다.

농약 방제 등록된 농약은 없다. 일본에서는 발생기에 아세타미프리드 연무제(전날/2)를 뿌린다.

담배가루이
발생시기 | 5~10월

피해 상황 유충이 감로를 내어 그을음병을 일으킨다. 열매에 힘줄모양의 착색 이상을 일으키기도 한다.

예방하기 은색 바닥덮기를 하여 방제하거나 황색 점착지로 잡는다.

농약 방제 등록된 농약은 없다. 일본에서는 이미다클로프리드 입제 2g/포기 (아주심기/3)을 모종 심을 곳에 뿌린다. 생긴 후에는 아세타미프리드 연무제(전날/2) 또는 점착전분 액제 100배액(전날/6)을 뿌린다.

아메리카잎굴파리 피해
발생시기 | 6~11월

피해 상황 유충이 잎살 속을 터널모양으로 갉아먹는다. 완두굴파리와는 달리 아메라카 잎굴파리는 잎살을 벗어나서 번데기가 된다.

예방하기 노지에서는 천적을 죽이는 살충제를 뿌리지 않으면 거의 생기지 않는다.

농약 방제 등록된 농약은 없다. 일본에서는 아세페이트 수화제 2000배액(전날/3) 또는 에마멕틴벤조익에시드 유제 2000배액(전날/3)을 뿌린다.

꽃노랑총채벌레
발생시기 | 4~10월

피해 상황 잎과 열매에 해를 입히고, 열매 표면에 작은 황색 점무늬가 많이 생긴다. 잎 표면에 해를 입은 부위는 흰색이 된다.

예방하기 주변의 잡초나 꽃 등에서 옮겨지므로 잡초를 없애고, 꽃나무 종류도 재배하지 않는다. 총채벌레가 있는 모종을 구입하지 않는다.

농약 방제 등록된 농약은 없다. 일본에서는 발생 초기에 아세타미프리드 수용제 2000배액(전날/3)을 뿌린다.

토마토흑응애
발생시기 | 5~11월

피해 상황 약 0.2㎜의 응애가 잎, 줄기, 열매에 기생한다. 줄기는 땅 닿은 부분에서 위로 올라갈수록 황갈색으로 변하고, 아랫잎부터 시들어 올라간다. 비닐하우스나 비가리개 재배에서 생긴다.

예방하기 아주심기한 후 모종이 뿌리내릴 때 살응애제를 뿌린다.

농약 방제 등록된 농약은 없다. 일본에서는 유황 액상수화제 800배액(5회)을 뿌린다.

왕담배나방
발생시기 | 6~10월

피해 상황 유충은 열매 속과 어린잎을 갉아 먹는다. 열매채소류 등 많은 작물에 해를 입힌다. 일반적으로 살충제를 뿌리는 횟수가 많은 지역에서 많이 발생한다. 년 3~4회 발생한다.

예방하기 유충을 보는 대로 잡는다.

농약 방제 등록된 농약은 없다. 일본에서는 아세페이트 수화제 1000배액(7/3) 또는 비티(생균) 과립수화제 1000배액(전날/4)을 뿌린다

가지 |가지과|

- ●**수확기** 6~10월
- ●**생기기 쉬운 병해충** 풋마름병, 반신위조병, 모잘록병, 흰가루병, 흑고병, 잿빛곰팡이병, 도둑나방류, 진딧물류, 노린재류, 먼지응애, 총채벌레류 등
- ●**병해충 방제 point** 병든 포기는 빨리 제거한다. 천적을 죽이는 살충제를 사용하지 않는다.
- ●**일상관리 point** 이어짓기를 피하고 밭의 물빼기를 잘한다. 접나무모를 사용한다. 바닥덮기로 재배한다.

병해충 달력												
	1	2	3	4	5	6	7	8	9	10	11	12
병해												
해충												

피해 상황 잎이나 줄기가 녹색으로 말라 죽는다. 뿌리가 흑갈색으로 썩고, 줄기를 자르면 관다발이 암갈색이며 더러운 흰즙이 흘러나온다.

예방하기 같은 밭에서 가지, 토마토 등의 이어짓기를 피하고 물빼기를 잘한다. 미리 흙을 소독한다.

농약 방제 적당한 농약이 없다.

피해 상황 처음에는 포기의 잎 반쪽에 증상이 나타나고 점점 나머지 반쪽이 황색으로 변한다. 그 시기에 포기 전체가 생기를 잃고, 곧 전체 잎이 누렇게 마르고 심하면 죽는다.

예방하기 같은 밭에 토마토, 가지를 이어짓기하지 않는다. 미리 흙을 소독하고, 피해 포기는 제거하여 밭과 떨어진 곳에서 처리한다.

농약 방제 적당한 농약이 없다.

모잘록병
발생시기 | 씨 뿌린 후~어린 모종

피해 상황 땅 닿은 부분의 줄기가 무르고 갈색으로 잘록해져서 쓰러져 마른다. 포기는 갈색으로 썩는다.

예방하기 같은 흙에서 모기르기 하거나, 병이 생긴 밭에서 이어짓기하면 병이 생기기 쉽다. 모판흙을 새로 만들고, 이어짓기를 피한다. 흙을 소독한다.

농약 방제 등록된 농약은 없다. 일본에서는 토로스 수화제 500배액(씨 뿌릴때/1)을 뿌린다.

갈색부패병
발생시기 | 5~9월

피해 상황 열매에 부정형의 갈색 병반이 크게 생기고, 곧 썩어서 더러운 흰곰팡이가 생긴다.

예방하기 비가 계속 오면 많이 생긴다. 비닐 바닥덮기를 하여 비에 흙이 튀지 않게 한다. 밭의 수분을 적절히 관리한다.

농약 방제 등록된 농약은 없다. 일본에서는 갈색뿌리썩음병의 약은 아니지만, 염기성염화동 44% 600배액(전날)을 뿌린다.

흰가루병
발생시기 | 5~10월

피해 상황 처음에 원형이나 부정원형의 밀가루 같은 흰곰팡이가 생기고, 나중에 잎 전체를 하얗게 덮는다.

예방하기 병든 잎을 제거하고, 낙엽도 모아 밭과 떨어진 곳에서 처리한다.

농약 방제 비타놀 수화제 2000배액(7/3), 사프롤 유제 800배액(3/3) 등이 등록되어 있다. 병 발생이 심하면 방제 효과가 떨어진다.

피해 상황 잎에 둥근 나이테모양의 갈색 병반이 생긴다. 줄기에는 가늘고 긴 갈색 병반이 생기고, 그곳에 바늘 끝처럼 작은 흑색 알갱이가 생긴다.

예방하기 잎, 줄기가 너무 무성해지지 않게 하고, 밭의 수분을 적게 한다. 병든 잎은 제거한다.

농약 방제 적절한 농약이 없다.

피해 상황 잎에 원형이나 타원형의 지름 수 mm의 병반이 생긴다. 병반 둘레는 갈색으로 쉽게 부서지고, 검은곰팡이가 생긴다.

예방하기 잎, 줄기가 너무 무성하지 않도록 하며, 병든 잎은 제거하고 낙엽도 모아서 처분한다.

농약 방제 적당한 농약이 없다.

피해 상황 잎에 암갈색으로 물든 듯한 나이테무늬의 병반이 생긴다. 줄기, 열매에도 생긴다.

예방하기 줄기, 잎이 너무 무성하지 않도록 관리한다. 병든 잎을 제거하고 낙엽도 모아서 밭과 떨어진 곳에서 처분한다

농약 방제 적당한 농약이 없다.

흑고병
발생시기 | 4~11월

피해 상황 열매 표면에 물든 듯한 모양으로 부풀어오른 병반이 생긴다. 잎에는 자갈색의 부정형 병반이 생긴다.

예방하기 잎, 줄기가 너무 무성하지 않도록 한다. 병든 잎은 제거하여 밭과 떨어진 곳에서 처분한다.

농약 방제 등록된 농약은 없다. 일본에서는 타로닐(전날/4) 또는 지오판 수화제 1500배액(전날/4)을 뿌린다.

흰비단병
발생시기 | 5~10월

피해 상황 땅 닿은 부분의 줄기에 암갈색으로 병반이 생겨 점점 시들고, 실크 같은 흰곰팡이가 생기며, 잎은 시들어 마른다. 그 부분에 밤톨 같은 갈색 균씨가 많이 생긴다.

예방하기 같은 밭에 이어짓기하지 않고 흙을 미리 소독한다.

농약 방제 적당한 농약이 없다.

잿빛곰팡이병
발생시기 | 4~10월

피해 상황 다 핀 꽃잎이 썩고 열매와 줄기에도 회색곰팡이가 생긴다.

예방하기 줄기와 잎이 너무 무성하지 않도록 관리한다. 밭의 수분이 적당하도록 관리한다.

농약 방제 등록된 농약은 없다. 일본에서는 바시러스 서브틸러스수화제 1000배액(전날/8) 또는 지오판 수화제 2000배액(전날)을 준다.

담배거세미나방 난괴
발생시기 | 7~11월

피해 상황 잎이나 열매 등을 갉아먹는다. 알 덩어리(사진)로 산란하여 부화한 유충이 2령까지 군집을 이루어 해를 입힌다. 흩어진 유충은 잎을 갉아먹는다.

예방하기 유충 집단을 잡는다. 주위에 옥수수 등 혼작물을 심어 방지한다.

농약 방제 등록된 농약이 없다. 일본에서는 아세페이트 수화제 1000배액(7/3)이나 비티(독소) 액상수화제 500배액(전날/4)을 준다.

머위명나방
발생시기 | 5월 중순~10월 상순

피해 상황 유충이 줄기를 갉아먹고 들어가 그 구멍으로 분비물을 배출하고, 해를 입은 줄기는 시든다. 알덩어리로 산란하고 부화한 유충은 잎 아래부터 먹어 들어간다.

예방하기 잎이 시들어서 늘어진 줄기를 제거한다.

농약 방제 등록된 농약은 없다. 일본에서는 진딧물에 사용하는 메프 유제 1000~2000배액(3/5)을 뿌려서 동시에 방제한다.

복숭아혹진딧물
발생시기 | 3~11월

피해 상황 새잎이나 잎 뒷면에 무리지어 기생한다. 많이 생기면 생육을 저해한다.

예방하기 모종을 구입할 때 생장부나 잎 뒷면을 잘 살펴서 진딧물이 없는 모종을 선택한다.

농약 방제 등록된 농약은 없다. 일본에서는 이미다클로프리드 입제를 2g/포기(아주심기/3)씩 모종을 심을 구멍에 함께 섞어 넣고, 발생시에는 아세타미프리드 연무제(전날/3)를 줄기와 잎에 뿌린다.

목화진딧물
발생시기 | 4~9월

피해 상황 잎에 기생하며 생육을 저해하는 것 외에 그을음병을 일으키거나 바이러스병을 옮긴다. 여름철에 많이 생긴다.

예방하기 질소 성분이 많을 때 잘 생기므로 질소비료의 사용을 줄인다.

농약 방제 등록된 농약은 없다. 일본에서는 이미다클로프리드 입제를 2g/포기(아주심기/3)씩 모종을 심을 구멍에 넣고, 발생시에는 아세타미프리드 연무제(전날/3)를 뿌린다.

물자라노린재
발생시기 | 6~10월

피해 상황 겉껍질 위에서 찔러서 열매의 즙을 빨아먹는다. 열매는 빨아먹은 곳에 상처가 생기고, 심하면 갈색으로 변하여 위축된다. 오크라, 피망, 가지, 토마토, 고추 등에도 기생한다.

예방하기 노린재를 보는 대로 잡는다.

농약 방제 등록된 농약은 없다. 일본에서는 발생기에 아세타미프리드 연무제(전날/2)를 뿌린다.

아메리카잎굴파리 성충
발생시기 | 6~11월

피해 상황 유충이 잎살 속에서 터널모양으로 갉아먹는다. 완두굴파리와는 달리 아메리카잎굴파리는 잎살에서 나와 번데기가 된다.

예방하기 천적을 죽이는 살충제를 사용하지 않으면 거의 생기지 않는다.

농약 방제 스피노사드 입상수화제 2000배액(3/3)과 아바멕틴 유제 3000배액(3/3)이 등록되어 있다.

피해 상황 성충이나 유충은 갉아먹은 후 침목을 늘어놓은 듯한 흔적을 남긴다. 월동한 벌레는 가지과에 피해를 주지만, 새로운 성충은 박과나 콩과에도 해를 입힌다.

예방하기 가지과 작물이나 박과 잡초를 심지 않고 성충, 유충을 보는 대로 잡는다.

농약 방제 등록된 농약은 없다. 일본에서는 발생 초기에 부프로페진 수화제 1000~2000배액(전날/3)을 뿌린다.

피해 상황 기생한 새잎 부분이 딱딱해져서 순멎음하거나 열매에 화상을 입은 듯한 녹증상이 생긴다. 새잎에 기생하며, 잎 뒷면에서 알, 유충, 성충의 발육 모습을 볼 수 있다.

예방하기 가까이에 차 나무 등의 기주식물을 재배하지 않는다.

농약 방제 등록된 농약은 없다. 일본에서는 펜부탄 수화제 1000배액(12일전), 밀베멕틴 유제 1500배액(12일 전)을 뿌린다.

피해 상황 잎맥을 따라 긁힌 모양의 작은 흰 점무늬가 나타나고, 심하면 잎 뒷면이 갈색으로 변한다. 열매에는 화상을 입은 것처럼 갈색의 피해증상이 나타난다.

예방하기 살충제로 천적을 죽이지 않도록 하며, 살충제를 많이 뿌리지 않는다.

농약 방제 일본에서는 이미라클로프리드 입제 2g/포기(아주심기/3)를 심을 구멍에 처리하는 것 외에, 발생기에 아세타미프리드 연무제(전날/3)를 살포한다.

파밤나방
발생시기 | 8~11월

피해 상황 어린 싹이나 잎을 갉아먹는다. 알덩어리로 산란하고, 부화한 유충은 3령까지 군집을 이루어 해를 입힌다. 흩어진 유충은 잎이나 열매를 갉아먹는다.

예방하기 천적을 보호하기 위하여 주변에도 살충제를 많이 사용하지 않는다.

농약 방제 등록된 농약은 없다. 일본에서는 아세페이트 수화제 1000배액(7/3) 또는 에마멕틴벤조익에시드 유제 2000배액(12일 전)을 뿌린다.

왕담배나방
발생시기 | 6~10월

피해 상황 유충은 열매 속이나 어린잎을 갉아먹는다. 열매채소류 등 많은 작물에 피해를 준다. 일반적으로 살충제를 자주 주는 곳에 많이 생기며, 년 3~4회 발생한다.

예방하기 유충을 보는 대로 잡는다.

농약 방제 등록된 농약은 없다. 일본에서는 아세페이트 수화제 1000배액(7/3) 또는 비티(생균) 과립수화제 1000배액(전날/4)을 준다.

점박이잎응애
발생시기 | 5~11월

피해 상황 잎응애가 기생한 잎 표면에 무수히 많은 흰 점무늬가 생겨 포기 전체에 퍼진다. 많이 생기면 실을 토해낸 것 같고, 꼭대기에 모여 흩어진다

예방하기 잎응애를 옮길 우려가 있으므로 근처에 콩과나 가지과 등을 재배하지 않도록 주의한다.

농약 방제 등록된 농약은 없다. 일본에서는 펜부탄 수화제 1000배액(12일전)을 뿌린다.

부추 |백합과|

- **수확기** 4~9월
- **생기기 쉬운 병해충** 그루썩음세균병, 백색역병, 녹병, 흑색썩음균핵병, 흰잎마름병, 오갈병, 마른썩음병, 흰비단병, 잎썩음병, 파혹진딧물, 파좀나방, 도둑나방류, 로빙뿌리응애
- **병해충 방제 point** 병든 포기는 제거한다. 모를 기를 때에는 방충망을 친다.

- **일상관리 point** 잎이 가늘어지면 포기를 갈라서 모종이 힘 있게 서 있도록 한다. 촘촘하게 심지 않는다.

병해충 달력													
		1	2	3	4	5	6	7	8	9	10	11	12
병해					■	■	■	■	■	■	■	■	
해충						■	■	■		■	■	■	

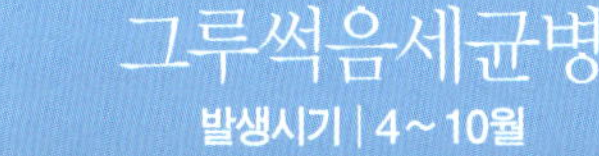

피해 상황 바깥쪽 잎이 아래로 늘어지고 썩어서 마른다. 포기의 잎이 점점 적어지고 심하면 전부 마른다.

예방하기 병이 생긴 밭에서 이어짓기를 피한다. 밭의 수분을 적게 하고 심기 전에 흙을 소독한다. 발병한 포기는 주위의 흙과 함께 제거하여 밭과 떨어진 곳에서 처리한다.

농약 방제 등록된 농약은 없다. 일본에서는 코퍼설페이트베이직을 정기적으로 뿌린다.

피해 상황 물든 듯한 바랜 녹색의 부정형 병반이 잎 가장자리부터 생기고 그곳부터 잎끝까지 흰색으로 마른다.

예방하기 비가 많이 오면 많이 발생한다. 밭에 수분이 많지 않도록 개선한다. 흙은 작물을 심기 전에 미리 소독한다.

농약 방제 그루썩음세균병의 방제 방법과 같다.

녹병
발생시기 | 5~10월

피해 상황 잎 표면에 황갈색으로 부풀어오른 작은 알갱이가 많이 생긴다. 심하면 잎이 마른다.

예방하기 병든 잎을 제거하여 밭과 떨어진 곳에서 처리한다.

농약 방제 등록된 농약은 없다. 일본에서는 티디폰 수화제 500배액(14/2)을 뿌린다.

흑색썩음균핵병
발생시기 | 9~11월, 2~3월

피해 상황 뿌리가 생기는 부분이 갈색으로 변하여 부패하고, 그곳에 검은색 균씨가 만들어져 잎이 가늘고 누렇게 변하며, 포기 전체가 시든다.

예방하기 발병한 밭에서 이어짓기를 피한다. 파에도 병이 생기므로 발병한 밭에서 재배하지 않는다. 심기 전에 미리 흙을 소독한다.

농약 방제 적당한 농약이 없다.

흰잎마름병
발생시기 | 4~10월(한여름은 제외)

피해 상황 잎에 긴 원형의 흰 병반이 생기고, 병반끼리 붙어서 커진다. 잎 끝부터 부패한다.

예방하기 포기 간격을 넓게 재배한다. 비를 맞지 않게 관리한다. 밭에 수분이 많지 않도록 하고, 병든 잎은 제거한다.

농약 방제 등록된 농약은 없다. 일본에서는 베어낸 후 지오판 수화제 1000배액을 $3\ell/\text{m}^2$ 준다.

피해 상황 잎맥을 따라 불규칙한 황색 선과 작은 구멍이 보인다. 년 5~6회 발생하고, 부화한 유충은 잎살 속에 들어가 갉아먹는다. 봄과 가을에 많이 발생한다.

예방하기 특별한 방법이 없다.

농약 방제 비티 수화제 1000배액, 클로르훼나피르 유제 1000배액(7/1) 등이 등록되어 있다.

피해 상황 알덩어리로 산란하여 부화한 유충은 2령까지 군집을 이루어 잎을 갉아먹는다. 3령 이후에는 흩어지지만 령이 지날수록 먹는 양이 증가한다. 부추에는 큰 피해를 주지 않는다.

예방하기 유충을 보는 대로 잡는다.

농약 방제 적당한 농약이 없다.

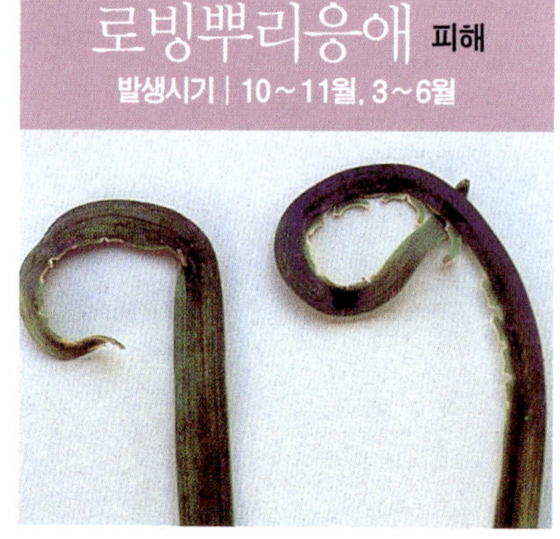

피해 상황 뿌리가 나오는 부분에 해를 입힌다. 피해를 입은 부추 잎은 사진처럼 잎 끝이 말린다. 고온다습할 때 많이 생긴다.

예방하기 지난해에 발생한 곳에서는 재배하지 않는다.

농약 방제 등록된 농약은 없다. 일본에서는 피리포 유제 2000배액(아주심기 직후/1)을 뿌린다.

당근 |백합과|

- **수확기** 2~3월, 5~6월, 11~12월
- **생기기 쉬운 병해충** 모자이크병, 점무늬병, 흰가루병, 먹잎마름병, 뿌리썩음병, 무름병, 산호랑나비, 채소바구미, 도둑나방류, 선충, 풍뎅이 등
- **병해충 방제 point** 수확 후에 병든 포기의 줄기와 잎을 모두 없앤다.
- **일상관리 point** 이어짓기를 피하고 벼과나

콩과와 돌려짓기한다. 밭의 물빼기가 잘 되도록 하고, 이랑을 높게 하여 습해지지 않게 관리한다.

병해충 달력												
	1	2	3	4	5	6	7	8	9	10	11	12
병해				■	■	■	■	■	■	■		
해충				■	■	■	■					

모자이크병
발생시기 | 4~10월

피해 상황 잎에 짙고 옅은 녹색 모자이크 증상이 나타나며, 잎이 가늘게 기형이 되거나 자홍색으로 된다. 생육이 나빠진다.

예방하기 진딧물이 병을 옮기므로 방충망을 씌워서 진딧물을 막는다. 해를 입은 포기는 밭과 떨어진 곳에서 처분한다.

농약 방제 농약으로 방제하기 어렵다.

점무늬병
발생시기 | 4~10월

피해 상황 잎 둘레가 점점 누렇게 되어 갈색 점무늬가 생긴다. 심하면 잎이 마른다.

예방하기 촘촘하게 심거나 흙에 수분이 많으면 생기기 쉬우므로 주의한다. 병든 잎은 제거하여 밭과 떨어진 곳에서 처리한다.

농약 방제 116p.에 있는 먹잎마름병에 사용하는 농약으로 동시에 방제할 수 있다.

흰가루병
발생시기 | 5~10월

피해 상황 잎에 밀가루 같은 곰팡이가 점점이 생겨 곧 잎 전체로 퍼지고, 심하면 마른다.

예방하기 많은 채소에 발생하므로 병든 잎은 제거하고, 낙엽도 모아서 밭과 떨어진 곳에서 처분한다.

농약 방제 등록된 농약은 없다. 일본에서는 먹잎마름병에 사용하는 포리옥신 수화제 500배액(30/5)으로 동시에 방제한다.

먹잎마름병
발생시기 | 4~10월

피해 상황 잎에 갈색 또는 흑갈색 점무늬가 생기고 심하면 마른다.

예방하기 촘촘히 심거나 흙에 수분이 많을 때 잘 생기므로 개선한다. 병든 잎은 제거하고 낙엽도 모아서 밭과 떨어진 곳에서 처분한다.

농약 방제 쿠퍼 수화제 1000배액, 프로피 수화제 500배액(45/5) 등이 등록되어 있다.

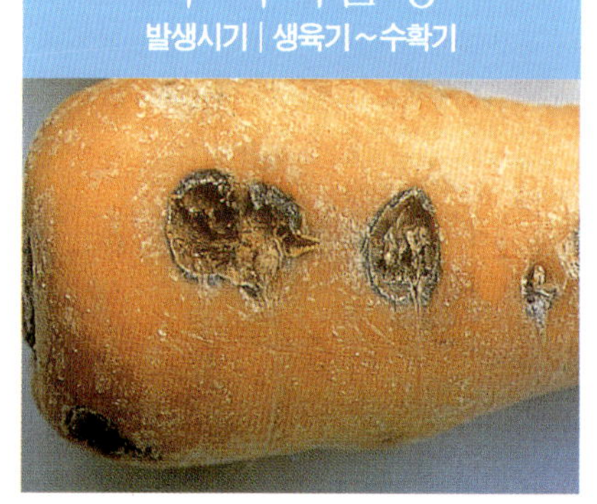

뿌리썩음병
발생시기 | 생육기~수확기

피해 상황 뿌리에 물든 듯한 얼룩 점무늬가 생긴다. 얼룩 점무늬는 점점 넓어져서 갈색으로 움푹 패인다.

예방하기 같은 장소에서 이어짓기를 하지 않는다. 작물을 심기 전에 미리 흙을 소독한다.

농약 방제 등록된 농약은 없다. 일본에서는 씨뿌리기 전에 토로스 수화제 20~40g/㎡을 흙에 섞어둔다.

알락수염노린재
발생시기 | 4~10월

피해 상황 유충이나 성충이 어린 싹, 잎, 꽃에서 즙을 빨아먹는다. 언뜻 보면 피해 상태가 나타나지 않기 때문에 해충의 존재를 모를 수도 있다.

예방하기 유충과 성충을 보는 대로 잡는다.

농약 방제 등록된 농약은 없다. 일본에서는 마라치온 유제 2000배액(14/4)을 뿌린다.

산호랑나비
발생시기 | 4~10월

피해 상황 유충이 어린 싹과 잎을 갉아먹는다. 주로 백합과 식물을 먹으며, 특히 노령유충은 어린잎을 많이 먹는다. 포기가 크면 피해는 상대적으로 작아진다.

예방하기 노령유충을 잡는 것이 효과적이다.

농약 방제 등록된 농약은 없다. 일본에서는 마라치온 유제 2000배액(14/4)을 뿌린다.

채소바구미
발생시기 | 10월 ~ 다음해 5월

피해 상황 성충이나 유충이 새싹과 새잎에 해를 입힌다. 줄기가 자라는 데 방해된다. 년 1회 발생하는데, 늦가을부터 이른 봄에 걸쳐서 추운 시기에 활동한다. 성충은 꽃가루 등을 먹는다.

예방하기 은색 바닥덮기 등으로 방지한다.

농약 방제 등록된 농약은 없다. 일본에서는 마라치온 유제 2000배액(14/4)을 뿌린다.

파 |백합과|

- **수확기** 12~다음해 3월, 7~10월
- **생기기 쉬운 병해충** 녹병, 오갈병, 무름병, 노균병, 흑색썩음균핵병, 검은무늬병, 도둑나방류, 파좀나방, 파혹진딧물, 파총채벌레, 씨고자리파리, 파굴파리, 로빙뿌리응애 등
- **병해충 방제 point** 건강한 모종을 선택하여 심는다.
- **일상관리 point** 이어짓기를 피하고 벼과 작물과 돌려짓기한다. 밭의 물빼기가 잘 되도록 하고, 완숙퇴비를 사용한다.

병해충 달력												
	1	2	3	4	5	6	7	8	9	10	11	12
병해					■	■	■	■	■	■	■	■
해충					■	■	■	■	■	■	■	

녹병
발생시기 | 5~10월

피해 상황 잎에 원형이나 타원형으로 부푼 귤색의 작은 점무늬가 생기고, 그 속에서 주황색 가루가 나와 퍼진다.

예방하기 병든 잎을 제거한다. 밭에 병든 포기를 남겨두면 병이 옮겨져서 많이 생기므로 밭과 떨어진 곳에서 처분한다.

농약 방제 누아리몰 유제, 디페노코나졸 유제 등이 등록되어 있다. 일본에서는 만코지 수화제 600배액(30/3), 티디폰 유제 2000배액(14/3)을 뿌린다.

균핵썩음병
발생시기 | 6~12월

피해 상황 파의 하얀 부분에 황백색 병반이 생기고, 곧 큰 부정형으로 썩는다. 나중에 그 부분에 검은색 작은 균씨가 생긴다.

예방하기 같은 밭에 이어짓기하면 많이 생기므로 다른 채소와 돌려짓기한다. 또한 흙의 수분이 많지 않도록 개선한다.

농약 방제 등록된 농약은 없다. 일본에서는 이미녹타딘트리아세테이트―포리옥신 혼합 수화제 1500배액(14/3)을 뿌린다.

피해 상황 약령유충이 집단으로 잎 표면을 갉아먹는다. 노령유충의 섭취량은 매우 많고, 통모양 잎새 안에 배설물을 많이 남긴다.

예방하기 약령유충의 집단을 보면 잡는 것이 효과적이다.

농약 방제 등록된 농약은 없다. 일본에서는 파밤나방에 사용하는 테프루벤주론 유제 2000배액(7/2) 또는 비티(생균) 과립수화제 1000배액(7/4)을 뿌린다.

피해 상황 약령유충이 집단으로 잎 표면을 갉아먹는다. 흩어진 유충은 통모양의 잎새 속에 들어가 갉아먹고 배설물을 남긴다.

예방하기 천적을 보호하기 위해 주변에도 살충제를 자주 사용하지 않는다.

농약 방제 디아펜치우론 액상수화제 500배액(14/4), 루페누론 유제 2000배액(3/3) 등이 등록되어 있다.

피해 상황 약령유충기의 피해는 파밤나방의 피해와 구별하기 어렵다.

예방하기 유충을 보는 대로 잡는다.

농약 방제 등록된 농약은 없다. 일본에서는 파밤나방에 사용하는 테프루벤주론 유제 2000배액(7/2) 또는 비티(생균) 과립수화제 1000배액(7/4)을 뿌린다.

피해 상황 잎에 불규칙한 선모양의 황색 부분이 생기고 작은 구멍이 생긴다. 년 5~6회 발생하며 부화한 유충은 잎살 속에 숨어 들어가 갉아먹는다.

예방하기 특별한 것은 없다.

농약 방제 비티 수화제와 비티아이자와이 입상수화제가 등록되어 있다. 일본에서는 발생시에 메프 유제 1000배액(14/2)을 뿌린다.

피해 상황 잎 뒷면이나 잎자루에 기생하며 해를 입힌다. 따뜻한 겨울, 고온, 비가 자주 오는 해에 많이 생긴다.

예방하기 호스로 잎에 물을 주어 씻어낸다. 은색 바닥덮기를 하여 방지한다.

농약 방제 등록된 농약은 없다. 일본에서는 발생하면 아세타미프리드 수용제 2000배액 (7/3)을 뿌린다.

피해 상황 잎 표면을 갉아먹기 때문에 긁힌 듯한 자국이 남는다. 꺾인 잎 안쪽에 산다. 고온, 건조하며, 비가 자주 올 때 많이 생긴다.

예방하기 여름철에 호스로 잎에 물을 주어 씻어낸다.

농약 방제 스피노사드 입상수화제, 에마멕틴벤조익에시드 유제, 이미다클로프리드 수화제 등이 등록되어 있다. 일본에서는 발생시에 아세타미프리드 수용제 2000배액(7/3)을 뿌린다.

씨고자리파리 피해
발생시기 | 10~11월, 3~6월

피해 상황 벌레가 뿌리 나오는 부분에 들어가 갉아먹는다.

예방하기 덜 분해된 유기비료를 주면 많이 생기므로 유기비료를 줄 때는 완숙비료를 사용한다.

농약 방제 등록된 농약은 없다. 일본에서는 다수진 입제 5~8g/㎡(아주심기/2)을 넣어 흙에 섞는다.

파굴파리 피해
발생시기 | 4~11월

피해 상황 유충이 파잎에 숨어들어 안쪽을 갉아먹는다. 갉아먹은 흔적이 흰줄로 나타난다. 잎의 조직 속에 산란하여 작은 점무늬 자국을 남기지만 큰 피해는 없다.

예방하기 특별한 방제는 없다.

농약 방제 에마멕틴벤조익에시드 유제, 카보 입제, 칼탑 수용제 등이 등록되어 있다. 일본에서는 니텐피람 입제 6g/㎡(아주심기/1)을 흙에 섞어 넣는다.

로빙뿌리응애 피해
발생시기 | 10~11월, 3~6월

피해 상황 뿌리가 나오는 부분에 해를 입힌다. 고온다습할 때 많이 생긴다.

예방하기 지난해에 발생한 곳에서 재배하지 않는다.

농약 방제 등록된 농약은 없다. 일본에서는 이속사치온 분제 6g/㎡(씨뿌리기 또는 아주심기/2)을 흙에 섞는다.

배추 |배추과|

- **수확기** 11~다음해 1월
- **생기기 쉬운 병해충** 모자이크병, 무름병, 검은무늬세균병, 황화병, 뿌리혹병, 노균병, 배추흰나비, 도둑나방류, 진딧물류 등
- **병해충 방제 point** 병에 대해 저항력이 있는 품종을 고른다. 씨뿌리기할 때 주의하고 일찍 씨를 뿌릴 때는 방충망을 쳐서 바이러스를 방지한다.
- **일상관리 point** 배추과 채소의 이어짓기를 피하고 밭의 물빼기를 잘한다. 석회를 뿌려 pH를 조절한다.

병해충 달력												
	1	2	3	4	5	6	7	8	9	10	11	12
병해								■	■	■	■	
해충									■	■	■	

피해 상황 잎에 짙고 옅은 녹색의 모자이크 증상이 나타나고, 검고 작은 점무늬가 많이 생긴다. 잎이 오그라들고 기형이 된다.

예방하기 방충망으로 포기를 덮고, 병을 옮기는 진딧물을 없앤다. 진딧물은 봄과 가을에 많이 생긴다. 해를 입은 포기는 뽑아내어 처리한다.

농약 방제 농약으로 방제하기 어렵다.

피해 상황 배추가 결구할 때부터 땅에 닿아 있는 잎과 붙은 뿌리가 물러서 썩고, 잎이 황백색이 되어서 악취가 나고, 포기가 마른다.

예방하기 병이 생긴 밭에서 이어짓기를 피한다. 상처로 감염되므로 잎 등이 상하지 않도록 주의한다.

농약 방제 옥쏘리닉에시드 수화제를 비롯하여 항생제인 농용신 수화제, 바리다마이신에이 수용제 등이 등록되어 있다.

피해 상황 잎 가장자리가 먼저 물러서 옅은 황색의 부정형 병반이 생기는데, 그것이 전체로 퍼져서 결국 말라 양가죽처럼 되고 잎은 말라버린다.

예방하기 비가 계속 오면 생기기 쉬우므로 되도록 비를 막아준다. 관리하면서 잎에 상처가 나지 않도록 주의한다.

농약 방제 등록된 농약은 없다. 일본에서는 무름병에 사용하는 농약으로 동시에 방제한다.

피해 상황 잎새나 잎맥을 따라서 검은 병반이 이어지거나, 물든 듯한 옅은 황색의 부정형 점무늬가 생긴다. 증세가 넓어지면 잎이 지저분해진다.

예방하기 밭을 되도록 건조시키고 비닐 바닥덮기를 한다. 병든 포기는 뽑아서 밭과 떨어진 곳에서 처분한다.

농약 방제 등록된 농약은 없다. 일본에서는 무름병에 사용하는 농약으로 동시에 방제한다.

피해 상황 잎이 누렇게 시든다. 뿌리까지 병들면 바깥쪽 잎이 늘어지고 전체가 누렇게 된다. 줄기를 세로로 자르면 관다발이 갈색으로 변해 있다.

예방하기 병이 생긴 밭에 심으면 반드시 발병한다. 흙을 미리 소독한다.

농약 방제 병이 생기면 적당한 농약이 없다. 심기 전에 흙을 잘 소독하여 병을 예방한다.

피해 상황 잎에 둥근 회백색 병반이 생긴다. 병반이 많아지면 마른다.

예방하기 병든 잎이나 마른 잎을 제거하여 태운다. 주변에 이 병이 생기면 쉽게 퍼진다.

농약 방제 등록된 농약은 없다. 일본에서는 만코지 수화제 600배액(30/1)이나 타로닐 수화제 1000배액(14/2)을 뿌린다.

피해 상황 잎에 나이테모양의 갈색 병반이 생기고, 그곳에 검은곰팡이가 생긴다. 병반이 많아지면 잎은 마른다.

예방하기 잎의 병반에 생긴 곰팡이가 전염원이므로, 병든 잎이나 낙엽은 모아서 밭과 떨어진 곳에서 처리한다.

농약 방제 등록된 농약은 없다. 일본에서는 만코지 수화제 600배액(30/1)이나 타로닐 수화제 1000배액(14/2)을 뿌린다.

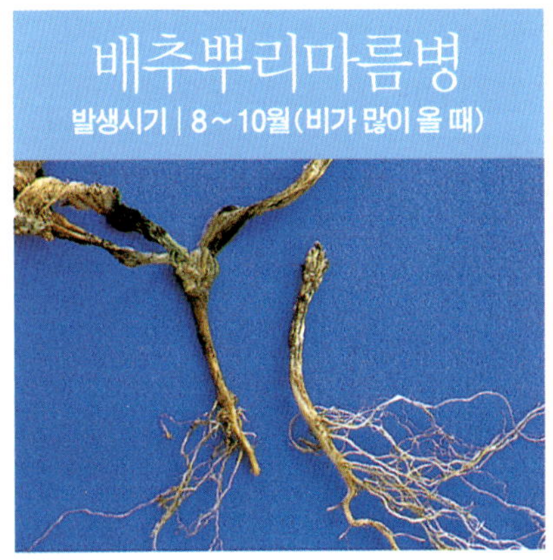

피해 상황 땅에 닿은 모종 부분이 잘록해지고 곧 쓰러져 시든다. 시들지 않은 포기는 땅에 닿은 부분이 가늘고 잘록해져서 생육이 매우 나빠진다.

예방하기 비가 계속 오거나 밭에 수분이 많으면 생긴다. 흙을 건조하게 개선한다.

농약 방제 발병 후에는 효과적인 약이 없으므로 심기 전에 흙을 소독한다. 후루아지남 분제를 아주심기 전에 20g/㎡을 흙 전체에 섞어둔다.

뿌리혹병
발생시기 | 옮겨심기~수확기

피해 상황 뿌리에 크고 작은 혹이 여러 개 생긴다. 심하면 포기가 시들거나 마른다.

예방하기 산성토양이거나 수분이 많을 때 잘 생긴다. 흙에 석회를 뿌리거나 물빼기를 잘하여 개선한다. 배추과 작물의 이어짓기를 피한다.

농약 방제 등록된 농약은 없다. 일본에서는 타로닐 분제 20g/㎡을 심기 전에 흙에 섞는다.

노균병
발생시기 | 9~11월

피해 상황 잎 표면에 불규칙한 황록색 병반이 생기고, 그 뒷면에 더러운 흰곰팡이가 생긴다.

예방하기 비가 계속 오거나 공기 중의 습도가 높으면 생기기 쉬우므로 밭의 물빼기가 잘 되도록 한다. 피해 잎은 없앤다.

농약 방제 쿠퍼 수화제, 포세칠알 수화제 등이 등록되어 있다. 일본에서는 만코지 수화제 600배액(30/1), 타로닐 수화제 1000배액(14/2)을 뿌린다.

밑둥썩음병
발생시기 | 9월~수확기

피해 상황 땅에 닿은 바깥쪽 잎 기부의 하얀 부분에 다갈색으로 부정형의 패인 병반이 생긴다.

예방하기 이어짓기하면 생기기 쉽기 때문에 다른 채소와 돌려짓기한다. 피해 잎과 낙엽은 모아서 밭과 떨어진 곳에서 처분한다. 흙은 되도록 건조하게 한다.

농약 방제 발병 후에는 효과적인 약이 없으므로 흙을 소독하여 병을 예방한다.

배추흰나비
발생시기 | 4~6월, 9~11월

피해 상황 유충이 잎을 갉아먹는다. 노령유충의 피해는 크다. 5~6월에 개체수가 증가한다.

예방하기 어린 모종일 때 방충망을 쳐서 피해를 막는다. 밭 주변에 성충에게 꿀을 제공하는 꽃을 재배하지 않는다.

농약 방제 비티 수화제, 테프루벤주론 유제를 포함해 여러 종류의 약이 등록되어 있다.

담배거세미나방
발생시기 | 7~11월

피해 상황 알덩어리로 산란하여 부화한 유충은 2령까지 집단으로 잎을 갉아먹는다. 3령 이후에는 흩어지는데 령이 지날수록 먹는 양은 늘어난다.

예방하기 씨뿌리기 직후에 방충망을 터널 모양으로 쳐서 침입할 공간을 없앤다.

농약 방제 그로포 입제 1000배액(8/4), 에토펜프록스 유제 1000배액(7/4) 등 여러 종류의 농약이 등록되어 있다.

배추좀나방
발생시기 | 6~10월

피해 상황 잎 뒷면부터 겉껍질 1장만 남기고 갉아먹는다. 잎맥이나 갉아먹은 부분을 따라서 산란한다. 노령유충의 피해는 심각하다.

예방하기 천적인 거미를 이용하기 위하여 거미에게 나쁜 합성제충국제, 유기인제, 카바메이트의 사용을 피한다.

농약 방제 디메칠빈포스 유제 1000배액(14/3), 루페누론 유제 2000배액(14/4) 등의 농약이 등록되어 있다.

도둑벌레
발생시기 | 5~6월, 9~11월

피해 상황 유충이 잎을 갉아먹는다. 알덩어리로 산란하여 부화한 유충은 2령까지 집단으로 해를 입히고, 3령 이후에 흩어져서 갉아먹는다.

예방하기 흙 속이나 포기 밑에 있는 노령유충을 잡는다.

농약 방제 등록된 농약은 없다. 일본에서는 아세페이트 수화제 1000배액(14/3) 또는 테프루벤주론 유제 2000배액(7/2)을 뿌린다.

파밤나방
발생시기 | 8~11월

피해 상황 어린싹이나 잎을 갉아먹는다. 알덩어리로 산란하여 부화한 유충은 2령까지 집단으로 해를 입힌다. 흩어진 유충은 잎과 열매를 갉아먹는다.

예방하기 천적을 보호하기 위하여 주변에도 살충제를 많이 사용하지 않는다.

농약 방제 테프루벤주론 유제 1000배액(7/2)을 비롯하여 그로포 입제, 루페누론 유제 등이 등록되어 있다.

무테두리진딧물
발생시기 | 3~11월

피해 상황 잎에 기생하고 많이 생기면 가루를 뿌린 것처럼 보인다. 생육을 저해하며, 봄보다 가을에 많이 발생한다.

예방하기 방충망을 설치하는 것이 좋다.

농약 방제 푸라치오카브 유제 1000배액(3/5), 트랄로메스린 유제 1000배액(2/5) 등의 농약이 등록되어 있다. 일본에서는 아주 심기할 때 아세페이트 입제를 1~2g/포기 심는 구멍에 준다. 발병시에는 아세페이트 수화제 1000배액(7/3)을 잎과 줄기에 뿌린다.

복숭아혹진딧물
발생시기 | 4~11월

피해 상황 잎 뒷면이나 잎자루에 기생하며 생육을 저해한다. 따스한 겨울, 고온, 비가 자주 오는 해에 잘 생긴다.

예방하기 은색 바닥덮기를 한 뒤 씨를 뿌리거나 씨 뿌린 직후에 방충망을 설치한다.

농약 방제 메소밀 수화제 1500배액(7/2), 아세타미프리드 수용제 2000배액(3/5) 등의 농약이 등록되어 있다. 일본에서는 아세페이트 입제 1~2g/포기(아주심기/3)을 심을 구멍에 뿌린다.

왕담배나방
발생시기 | 6~10월

피해 상황 유충은 결구 안에 숨어들어 갉아먹는다. 열매채소류 등 많은 작물에 해를 입힌다. 일반적으로 살충제를 많이 뿌리는 곳에 잘 생긴다. 년 3~4회 발생한다.

예방하기 유충을 보는 대로 잡는다.

농약 방제 등록된 농약은 없다. 일본에서는 아세페이트 수화제 1000배액(14/3)이나 테프루벤주론 유제 2000배액(7/2)을 뿌린다.

벼룩잎벌레 피해
발생시기 | 7~10월

피해 상황 성충이 잎을 점점이 갉아먹고, 유충은 뿌리를 핥듯이 갉아먹는다. 배추과를 이어짓기하면 많이 생긴다.

예방하기 배추과 작물의 이어짓기를 피한다. 0.8mm 방충망을 치면 피해를 줄일 수 있다.

농약 방제 그로포 입제, 다수진 입제 등이 등록되어 있다. 일본에서는 아세페이트 수화제 1000~1500배액(14/3)을 뿌린다.

피해 상황 잎을 갉아먹으며 피해 잎은 은백색이 된다. 많이 생기면 어린 모종이 말라 죽는 경우도 있다. 크기 1mm 정도의 응애로, 저녁때나 흐린 낮에 잎 위로 올라가 갉아먹는다. 결구 안에도 들어간다. 배추 외에 시금치에도 해를 입힌다.

예방하기 특별한 방제가 없다

농약 방제 등록된 농약은 없다. 일본에서는 아세페이트 수화제 1000~1500배액(14/3)을 뿌린다.

피해 상황 유충이 잎살 속을 터널모양으로 갉아먹어서 사진과 같은 피해가 생긴다. 아메리카잎굴파리와는 달리 잎살 속에서 번데기가 된다.

예방하기 유충과 번데기를 잡는다. 성충은 황색 점착지로 잡는다.

농약 방제 등록된 농약은 없다. 일본에서는 아세페이트 입제 1~2g/포기(21/3)을 포기 밑에 준다.

피해 상황 민달팽이처럼 잎을 갉아먹는다.

예방하기 석회 등을 뿌려서 흙의 산성도를 조절하고 완숙퇴비를 사용한다. 물이 고인 습지에 생기기 쉬우므로 물빼기를 잘한다.

농약 방제 민달팽이류 방제약 메타알데하이드 4.5g/㎡을 발생시에 뿌린다.

피망 |가지과|

- **수확기** 6~10월
- **생기기 쉬운 병해충** 모자이크병, 황화시들음병, 풋마름병, 점무늬세균병, 모잘록병, 역병, 도둑나방류, 총채벌레류, 진딧물류, 꽈리허리노린재, 차먼지응애, 담배나방, 왕담배나방 등
- **병해충 방제 point** 차먼지응애, 진딧물, 담배나방 등의 살충제를 뿌린다.

- **일상관리 point** 이어짓기를 피하고 밭의 물빼기가 잘 되게 한다. 잡초를 제거한다.

병해충 달력												
---	1	2	3	4	5	6	7	8	9	10	11	12
병해												
해충												

모자이크병
발생시기 | 4~11월

피해 상황 잎에 짙고 옅은 녹색 모자이크 증상이 나타나고, 실잎 모양으로 가늘게 기형이 된다. 열매도 모자이크 증상이 나타나 울퉁불퉁해진다.

예방하기 진딧물이 병을 옮기므로 방충망을 씌워 진딧물을 막는다. 병든 포기는 제거하여 밭과 떨어진 곳에서 처분한다.

농약 방제 농약으로 방제하기 어렵다.

황화시들음병
발생시기 | 4~11월

피해 상황 자라는 가지 끝의 어린잎이 누렇게 되었다가 갈색으로 썩으면서 결국 검게 마른다. 열매도 갈색으로 썩는다.

예방하기 병을 옮기는 총채벌레를 막는다. 병든 포기는 뽑아버린다.

농약 방제 농약으로 방제하기 어렵다.

피해 상황 잎이 녹색인 채로 갑자기 시든다. 줄기를 자르면 관다발이 갈색으로 변해 있고, 뿌리는 갈색으로 썩어 있다.

예방하기 이어짓기를 피하고 가지, 감자, 토마토 등을 재배했던 밭에 심지 않는다. 흙을 소독하는 효과도 낮으므로 새 밭에 심는다.

농약 방제 흙을 소독해야 하지만, 소독방법이 어렵고 방제효과도 기대할 수 없다.

피해 상황 잎과 줄기에 회백색으로 둥근 부스럼 모양의 점무늬가 생긴다. 심하면 잎은 쉽게 낙엽이 되어 마른다.

예방하기 비가 계속 오면 잘 생긴다. 잎에 물이 닿지 않도록 비를 막아준다.

농약 방제 가스란 수화제 1000배액(2/5), 쿠퍼 수화제 500배액을 발병 초기부터 7일 간격으로 뿌린다. 일본에서는 가스신-보르도 1000배액(전날/5), 코퍼설페이트베이직 500배액(전날)을 뿌린다.

피해 상황 발아 후 모종의 줄기가 꺾이거나 옅은 갈색 병반이 생기고, 뿌리가 갈색으로 변하면서 썩어 쓰러져서 시든다.

예방하기 같은 흙에서 모종을 기르거나 발병한 밭에 이어짓기하면 생기기 쉽다. 모판 흙은 새것을 사용하고 이어짓기를 피한다. 흙을 소독한다.

농약 방제 다찌밀 액제 1000배액(씨뿌리기 직후/1), 에디졸-지오판 수화제 1000배액(3/5) 등이 등록되어 있다.

피해 상황 뿌리가 검은색으로 썩고, 땅에 닿은 줄기가 암갈색으로 잘록해지며, 마르듯이 썩는다. 잎은 시들어 마른다.

예방하기 물이 고인 듯한 흙에서 많이 생긴다. 밭의 물빼기가 잘 되게 개선한다.

농약 방제 디메쏘모르프 수화제 등이 등록되어 있다. 일본에서는 메타실 입제 2~3g/포기(전날/3)을 흙 속에 섞는다.

피해 상황 잎 표면에 분명하지 않은 누런 점무늬가 생기고, 그 뒤쪽에 흰가루 곰팡이가 생긴다.

예방하기 비교적 기온이 높고 약간 건조할 때 생긴다. 병든 잎은 제거하고 낙엽은 모아서 밭과 떨어진 곳에서 처분한다.

농약 방제 아족시스트로빈 액상수화제를 비롯하여 마이탄 수화제, 터부코나졸 수화제 등 4종류의 농약이 등록되어 있다.

피해 상황 땅과 닿은 줄기에 옅은 갈색 점무늬가 생기고, 그곳에 하얗게 실크 같은 곰팡이가 생기며 갈색으로 마른다. 나중에 그곳에 갈색 밤 같은 것이 많이 생긴다.

예방하기 같은 밭에서 이어짓기를 피하고 흙을 미리 소독한다. 병든 포기는 흙과 함께 처분한다.

농약 방제 등록된 농약이 없다. 일본에서는 모잘록병과 함께 동시에 방제한다.

피해 상황 잎에 작고 흰 점무늬가 생기고, 곧 둘레가 암갈색 또는 회백색의 나이테 모양의 병반이 생기며, 심하면 마른다.

예방하기 잎, 줄기가 너무 무성하지 않게 하고 비닐 바닥덮기를 하거나 물빼기를 좋게 한다.

농약 방제 등록된 농약은 없다. 일본에서는 가스신–보르도, 디크론 수화제, 마이크로부타닐 수화제 등을 전날까지 뿌린다.

피해 상황 열매의 밑둥쪽이 암갈색으로 썩는다.

예방하기 더운 여름에 생긴다. 흙이 건조하고 토양 중 석회성분이 부족할 때 많이 나타난다. 짚 등으로 바닥덮기를 하여 땅의 온도 상승과 건조를 억제하고 수분을 공급한다.

농약 방제 적당한 농약은 없지만 병의 발생 초기에 염화칼슘을 뿌린다.

피해 상황 알덩어리로 산란하여 부화한 유충은 2령까지 집단으로 잎을 갉아먹는다. 3령 이후 흩어지지만 령이 지날수록 먹는 양이 늘어난다.

예방하기 약령기의 유충집단을 보는 대로 잡는 것이 효과적이다.

농약 방제 등록된 농약은 없다. 일본에서는 유충 발생 초기에 비티(독소) 액상수화제 500배액(전날/4)을 뿌린다.

대만총채벌레
발생시기 | 5~9월

피해 상황 꽃에 서식하며 해를 입힌다. 꽃잎이 긁힌 모양으로 하얗게 바랜다. 채소류, 과일나무, 꽃나무, 수목 등에 생기며 그을음병을 일으킨다.

예방하기 주변의 풀을 없애고 꽃나무 재배를 피한다.

농약 방제 등록된 농약은 없다. 일본에서는 발생시에 아세타미프리드 수용제 4000배액(전날/2)을 뿌린다.

오이총채벌레 피해
발생시기 | 5~11월

피해 상황 잎맥을 따라 긁힌 듯한 작고 하얀 점이 나타나고, 심하면 잎 뒷면이 갈색으로 변한다. 열매에는 화상을 입은 듯한 갈색의 피해 증상이 나타난다.

예방하기 천적을 죽이는 일이 없도록 되도록 살충제를 너무 많이 사용하지 않는다.

농약 방제 등록된 농약은 없다. 일본에서는 이미다클로프리드 입제 2g/포기 (아주심기/3)을 뿌린다.

꽈리허리노린재
발생시기 | 6~10월

피해 상황 피해는 눈에 띄지 않지만 유충이 줄기에 모여서 빨아먹는다. 피망, 가지, 나팔꽃 등 많은 식물에서 생긴다.

예방하기 잡아 없앤다.

농약 방제 등록된 농약은 없다. 일본에서는 아세타미프리드 수용제 4000배액(전날/2)을 뿌린다.

복숭아혹진딧물
발생시기 | 4~11월

피해 상황 잎 뒷면이나 잎자루에 기생하며 해를 입히고, 생육을 저해한다. 따스한 겨울, 고온, 비가 잦은 해에 많이 생긴다.

예방하기 은색 바닥덮기를 하고 씨를 뿌린다. 씨 뿌린 직후에 방충망을 설치한다.

농약 방제 진딧물류에 사용하는 메소밀 수화제, 비펜스린 유제 등이 등록되어 있다. 일본에서는 니텐피람 입제 1~2g/포기(아주심기/1)을 심을 구멍에 뿌린다.

차먼지응애
발생시기 | 5~11월

피해 상황 응애가 기생하는 새잎 부분이 딱딱해지고 순멎음하거나, 열매에 화상을 입은 듯한 녹증상이 나타난다. 새잎에 기생하며 잎 뒷면에는 응애가 자라는 여러 단계의 모습을 볼 수 있다.

예방하기 차 나무 등의 기주식물을 가까이에 재배하지 않는다.

농약 방제 밀베멕틴 유제, 테부펜피라드 유제 등이 등록되어 있다. 일본에서는 지노멘! 수화제 3000배액(전날/3)을 뿌린다.

왕담배나방
발생시기 | 6~10월

피해 상황 유충은 열매 속이나 잎을 갉아먹는다. 열매채소류 등 많은 작물에 해를 입힌다. 일반적으로 살충제를 자주 뿌리는 곳에서 많이 생긴다. 년 3~4회 발생한다.

예방하기 유충을 보는 대로 잡는다.

농약 방제 등록된 농약은 없다. 일본에서는 비티 수화제 1000배액(전날/4) 또는 비티(독소) 액상수화제 500배액(전날/4)을 뿌린다.

브로콜리, 컬리플라워 |배추과|

- **수확기** 6~7월, 10~다음해 2월
- **생기기 쉬운 병해충** 검은썩음병, 검은무늬세균병, 노균병, 뿌리혹병, 무름병, 뿌리마름병, 위황병, 배추흰나비, 도둑나방류, 배추좀나방, 거세미나방, 진딧물류, 배추순나방, 왕담배나방 등
- **병해충 방제 point** 병해충이 없는 건강한 모종을 골라 심는다.

- **일상관리 point** 배추과 채소의 이어짓기를 피하고, 밭의 물빼기를 잘한다. 석회를 뿌려서 pH를 조절한다.

병해충 달력		1	2	3	4	5	6	7	8	9	10	11	12
병해													
해충													

검은썩음병
발생시기 | 6~11월

피해 상황 잎 주변에 쐐기모양의 누런 병반이 생기고, 잎맥이 검은색으로 변한다. 잎자루를 잘라보면 속이 흑갈색으로 변해 있다.

예방하기 같은 밭에서 양배추, 배추 등 배추과 채소를 이어짓기하지 않는다. 잎에 상처가 나지 않도록 한다.

농약 방제 등록된 농약은 없다. 일본에서는 코퍼설페이트베이직 500배액을 1주일에 1회 주거나, 옥시동 수화제 800배액(14/3)을 뿌린다.

모잘록병
발생시기 | 씨뿌린 후의 어린 모종

피해 상황 땅에 닿은 부분이 물에 잠긴 것처럼 무르거나, 갈색으로 잘록해져서 꺾어져 시든다.

예방하기 등록된 농약은 없지만 캡탄 수화제로 씨앗에 옷을 입혀 뿌리면 효과적이다. 씨뿌리기 전에 흙을 소독하고, 같은 밭에 이어짓기하지 않는다.

농약 방제 발병하면 적당한 농약이 없다.

피해 상황 잎에 검은색으로 기름에 찌든 듯한 나이테모양의 병반이 생긴다. 또한 잎맥에 흑갈색 점무늬가 생기며, 심하면 시든다.

예방하기 비가 계속 오면 많이 생기므로 비를 막아준다. 비닐 바닥덮기를 하거나 잎에 상처가 나지 않도록 주의한다.

농약 방제 등록된 농약은 없다. 일본에서는 검은썩음병에 사용하는 농약으로 동시에 방제한다.

피해 상황 잎 표면에 흐린 황색 점무늬가 생기고, 그 뒷면에는 서리처럼 흰곰팡이가 나타난다.

예방하기 비가 계속 오거나 공기 중의 습도가 높을 때 많이 생긴다. 비를 막아주거나 비닐 바닥덮기를 한다.

농약 방제 등록된 농약은 없다. 일본에서는 양배추 노균병에 사용하는 약을 뿌려서 효과적으로 방제한다.

피해 상황 뿌리에 크고 작은 여러 혹이 생기므로 포기가 시들거나 생육이 나빠진다.

예방하기 고토석회 등으로 산성토양의 pH를 조절하거나 배수가 잘 되게 한다. 이어짓기를 피하고 배추과 이외의 채소를 번갈아 재배한다.

농약 방제 등록된 농약은 없다. 일본에서는 심기 전에 후루아지남 분제 15~20g/㎡, 후루설파마이드 분제 20~30g/㎡ 을 흙에 섞는다.

피해 상황 유충이 잎을 갉아먹는다. 노령유충의 피해는 심각하다. 5~6월에 개체수가 증가한다.

예방하기 어린모일 때 방충망을 쳐서 피해를 막는다. 밭 주변에 성충에게 꿀을 제공하는 꽃을 재배하지 않는다.

농약 방제 등록된 농약은 없다. 일본에서는 유충발생기에 비티 수화제 1000~2000배액(7/4) 또는 테프루벤주론 유제 2000배액(7/2)을 뿌린다.

피해 상황 알덩어리로 산란하여 부화한 유충은 2령까지 집단으로 잎을 갉아먹는다. 3령 이후에는 흩어지지만 령이 지날수록 먹는 양이 늘어난다.

예방하기 약령기의 유충집단을 보는 대로 잡는 것이 효과적이다.

농약 방제 등록된 농약은 없다. 일본에서는 도둑벌레나 배추좀나방 등에 쓰는 아세페이트 수화제 1000배액(14/3), 테프루벤주론 유제 2000배액(7/2)을 뿌린다.

피해 상황 잎 뒷면부터 겉껍질 1장만 남기고 갉아먹는다. 잎맥이나 해충이 갉아먹은 부분을 따라 산란한다.

예방하기 주위에 토끼풀을 심어서 천적의 서식지를 만들어준다. 천적인 거미에게 해로운 약은 사용하지 않는다.

농약 방제 등록된 농약은 없다. 일본에서는 비티 수화제 1000~2000배액(7/4)을 뿌린다.

피해 상황 어린 싹이나 잎을 갉아먹는다. 알덩어리로 산란하여 부화한 유충은 3령까지 집단으로 해를 입힌다. 흩어져서는 잎이나 열매를 갉아먹는다.

예방하기 천적을 보호하기 위하여 주변에도 살충제를 많이 사용하지 않는다.

농약 방제 등록된 농약은 없다. 일본에서는 아세페이트 수화제 1000배액(14/3) 또는 테프루벤주론 유제 2000배액(7/2)을 뿌린다.

피해 상황 유충은 꽃봉오리 속이나 잎을 갉아먹는다. 열매채소류 등 많은 작물에 해를 입힌다. 일반적으로 살충제를 자주 뿌리는 곳에 많이 생긴다. 년 3~4회 발생한다.

예방하기 유충을 보는 대로 잡는다.

농약 방제 등록된 농약은 없다. 일본에서는 아세페이트 수화제 1000배액(14/3) 또는 테프루벤주론 유제 2000배액(7/2)을 뿌린다.

피해 상황 잎에 기생하며, 많아지면 가루를 뿌린 것처럼 보인다. 생육을 저해한다. 봄보다 가을에 많이 생긴다.

예방하기 은색 바닥덮기를 하고 아주심기 하는 것도 좋다.

농약 방제 등록된 농약은 없다. 일본에서는 아세페이트 입제 1~2g/포기(아주심기 또는 수확 14/3)을 포기 밑둥에 처리한다.

시금치 |명아주과|

- **수확기** 7~8월, 10~12월
- **생기기 쉬운 병해충** 누른오갈병, 시들음병, 잘록병, 노균병, 탄저병, 도둑나방류, 흰띠명나방, 점박이잎응애, 섬서구메뚜기, 진딧물류, 귀뚜라미, 씨고자리파리, 톡토기 등
- **병해충 방제 point** 노균병에 저항력이 있는 품종을 사용하고, 주변의 잡초를 없앤다. 은색 바닥덮기를 하여 진딧물이 날아오는 것을 막는다.
- **일상관리 point** 이어짓기를 피한다.

병해충 달력												
	1	2	3	4	5	6	7	8	9	10	11	12
병해				■	■	■	■	■	■	■		
해충							■	■	■	■	■	■

누른오갈병
발생시기 | 4~10월

피해 상황 잎맥을 따라 녹색이 엷어지고, 잎 전체가 누렇게 되며, 모자이크 증상이 나타나거나 오그라든다. 잎자루와 잎에 썩은 점무늬 병반이 생기고 포기 전체가 마른다.

예방하기 방충망을 쳐서 병을 옮기는 진딧물을 막는다.

농약 방제 이 병에 효과적인 농약은 없고, 진딧물을 방제한다.

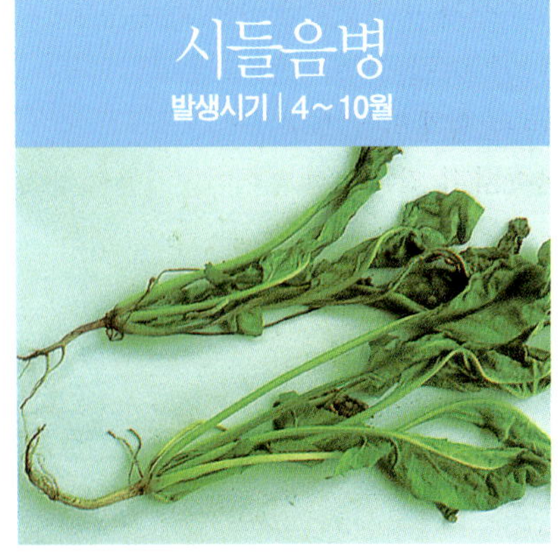

시들음병
발생시기 | 4~10월

피해 상황 어린모에 생기며 잎이 누렇게 되어 시든다. 뿌리는 갈색으로 변하여 썩고, 줄기를 자르면 관다발이 갈색으로 변해 있다.

예방하기 같은 밭에서 이어짓기를 피하며, 씨뿌리기 전에 미리 흙을 소독한다. 피해 포기는 제거하여 밭과 떨어진 곳에서 처분한다.

농약 방제 적당한 농약이 없다.

피해 상황 땅에 닿은 줄기가 갈색으로 잘록해지고, 뿌리도 갈색으로 썩는다. 아랫잎의 잎자루도 흑갈색으로 썩고 곧 포기가 시든다.

예방하기 같은 밭에서 이어짓기를 피한다. 밭의 흙은 씨뿌리기 전에 소독한다. 피해 포기는 뽑아내 없앤다.

농약 방제 등록된 농약은 없다. 일본에서는 토로스 분제 20~40g/㎡을 씨뿌리기 전에 흙에 섞는다.

피해 상황 본잎이 5~6장일 때 땅에 닿은 줄기가 잘록해지고 흑갈색으로 마른다.

예방하기 같은 밭에서 이어짓기를 피한다. 밭에 수분이 적게 한다. 피해 포기는 흙과 함께 제거하여 밭과 떨어진 곳에서 처분한다.

농약 방제 등록된 농약은 없다. 일본에서는 씨뿌리기 전에 흙을 소독하고, 씨 뿌린 후 모종에 생기면 다찌가렌 액제를 흙에 준다.

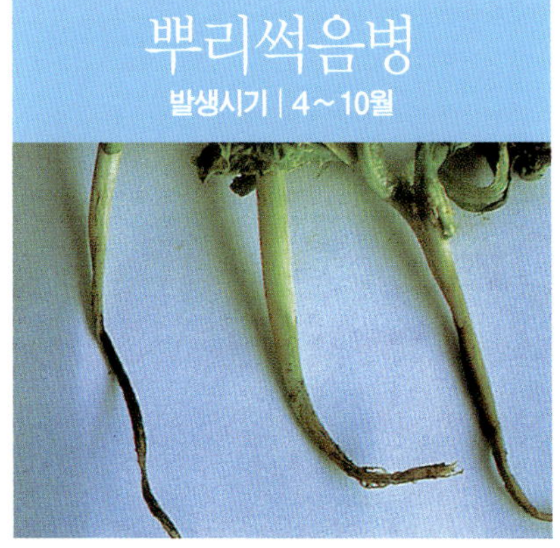

피해 상황 어린모일 때 땅에 닿은 부분이 물든 것처럼 갈색으로 변하고, 뿌리가 썩으며, 잎은 누렇게 되어 쓰러져 마른다.

예방하기 같은 밭에서 이어짓기를 피하고 흙을 소독한다. 밭에 수분이 많지 않게 한다.

농약 방제 적당한 농약이 없다

담배거세미나방
발생시기 | 7~11월

피해 상황 알덩어리로 산란하여 부화한 유충은 2령까지 집단으로 잎을 갉아먹는다. 3령 이후에는 흩어지지만 령이 지날수록 먹는 양이 늘어난다.

예방하기 씨 뿌린 직후에 방충망을 터널모양으로 씌워 침입할 공간을 없앤다. 유충을 보는 대로 잡는다.

농약 방제 적당한 농약이 없다.

흰띠명나방
발생시기 | 7~12월

피해 상황 잎맥을 따라 그물코모양으로 갉아먹어 실로 기운 듯하다. 성충은 6~11월까지 보이고, 근대, 박, 맨드라미, 명아주 등도 갉아먹는다.

예방하기 비닐하우스 등의 시설에서는 입구에 방충망을 친다.

농약 방제 등록된 농약은 없다. 일본에서는 벌레가 생기면 마라치온 유제 2000배액(14/4) 또는 퍼메쓰린 유제 3000배액(21/2)을 뿌린다.

점박이잎응애
발생시기 | 5~11월

피해 상황 잎응애가 기생하는 잎 표면에 무수히 많은 하얀 점무늬가 생겨 포기 전체로 퍼진다. 많아지면 실을 토해내고, 꼭대기에 모여 흩어진다.

예방하기 응애가 옮겨올 우려가 있으므로 콩과나 박과, 가지과 등 응애가 많은 작물을 가까이에 경작하지 않도록 주의한다.

농약 방제 적당한 농약이 없다.

섬서구메뚜기
발생시기 | 6~10월

피해 상황 잡식성으로 성충과 유충이 잎에 해를 입혀 불규칙한 구멍을 만든다. 8~9월 경에 많이 생긴다. 년 1회 발생하고 알로 월동한다.

예방하기 유충과 성충을 보는 대로 잡는다.

농약 방제 등록된 농약은 없다. 일본에서는 마라치온 유제 2000배액(14/4)을 뿌린다.

파밤나방
발생시기 | 8~11월

피해 상황 어린 싹이나 잎을 갉아먹는다. 알덩어리로 산란하여 부화한 유충은 3령까지 집단으로 해를 입힌다. 흩어진 유충은 잎과 열매를 갉아먹는다.

예방하기 유충을 잡는다. 흩어지기 전의 유충이나 알덩어리를 없애는 것이 효과적이다. 천적을 보호하기 위해서는 주변에 살충제를 많이 뿌리지 않는다.

농약 방제 적당한 농약이 없다.

시금치응애 피해
발생시기 | 1년 내내

피해 상황 어린모일 때부터 피해를 주며, 새 잎이나 새싹에 무리지어 기생한다. 응애가 기생하는 잎은 오그라들거나 작은 구멍이 생긴다. 펼쳐진 잎에는 작은 돌기가 생기거나 기형이 된다.

예방하기 쌀겨 등을 퇴비로 사용하는 하우스재배에서 많이 생기므로 완숙퇴비를 쓴다.

농약 방제 적당한 농약이 없다.

땅콩 |콩과|

- **수확기** 9~10월
- **생기기 쉬운 병해충** 꼬투리갈색무늬병, 줄기썩음병, 뿌리썩음병, 왕담배나방, 표주박바구미, 풍뎅이류, 뿌리혹선충 등
- **병해충 방제 point** 이어짓기를 피한다. 뿌리혹이 생긴 포기는 밭과 떨어진 곳에서 처분한다. 살충제를 지나치게 많이 뿌리지 않는다.
- **일상관리 point** 덜 썩은 유기 퇴비를 주지 않고 밭 주변의 잡초를 없앤다.

병해충 달력												
	1	2	3	4	5	6	7	8	9	10	11	12
병해												
해충												

피해 상황 꼬투리 표면에 갈색으로 불규칙하고 부정형 점무늬가 생긴다. 병반은 서로 붙어서 커지고 심하면 씨도 갈색으로 변한다.

예방하기 이어짓기를 피하고 밭을 소독한다. 밭의 물빼기를 잘한다.

농약 방제 발병 후에는 효과적인 약이 없다. 흙 속에서 감염되므로 밭을 소독한다.

피해 상황 포기 밑의 줄기가 흑갈색이 되고, 잎과 줄기가 시들어 처지며, 잎 전체가 누렇게 마른다.

예방하기 이어짓기를 피하고 물빼기가 나쁜 흙은 개선한다. 씨뿌리기 전에 흙을 소독한다.

농약 방제 발병 후에는 적당한 농약이 없다.

피해 상황 땅에 닿아 있는 줄기에 흑갈색 병반이 생기고, 뿌리도 검은색으로 변하여 썩는다. 때문에 잎이 누렇게 되고 생육이 나빠진다.

예방하기 병든 포기는 주변 흙과 함께 제거하여 밭과 떨어진 곳에서 처분한다. 이어짓기를 피하고 흙을 미리 소독한다.

농약 방제 발병 후에는 적당한 농약이 없다.

피해 상황 유충은 어린잎이나 꽃을 갉아먹는다. 열매채소류 등 많은 작물에 해를 입힌다. 일반적으로 살충제를 자주 사용하는 곳에서 많이 생긴다. 년 3~4회 발생한다.

예방하기 유충을 보는 대로 잡는다.

농약 방제 등록된 농약은 없다. 일본에서는 약령유충기에 메프 유제 1000배액(21/4)을 뿌린다.

피해 상황 성충은 새싹이나 새잎에 해를 입힌다. 발아 초기의 피해는 치명적이다. 유충은 뿌리, 꼬투리, 열매에 해를 입힌다. 생육이 나빠지거나 심하면 말라 죽는다. 모래땅에서 피해가 많다.

예방하기 특별한 방법은 없다.

농약 방제 등록된 농약은 없다. 일본에서는 성충에 메프 유제 1000배액(21/4)을 뿌린다.

양상추 |국화과|

- **수확기** 6월, 11~12월
- **생기기 쉬운 병해충** 위황병, 무름병, 점무늬세균병, 썩음병, 밑둥시들음병, 포기썩음병, 뿌리썩음병, 균핵병, 갈색점무늬병, 노균병, 잿빛곰팡이병, 도둑나방류, 완두굴파리, 왕담배나방, 거세미나방, 선충류 등
- **병해충 방제 point** 은색 바닥덮기로 진딧물이 날아오는 것을 막는다.
- **일상관리 point** 이어짓기를 피하고 물빼기가 잘 되게 한다.

병해충 달력												
	1	2	3	4	5	6	7	8	9	10	11	12
병해						■	■		■	■		
해충					■	■	■		■	■		

피해 상황 잎이 누렇게 되어 생육이 나쁘고, 순멎음하거나 누렇게 된 작은 잎이 부채모양으로 된다.

예방하기 꼭지매미충이 병을 옮기므로 포기를 방충망으로 덮어 방제한다. 병든 포기는 뽑아내어 처리하며, 주위의 잡초를 없앤다.

농약 방제 적당한 농약이 없다.

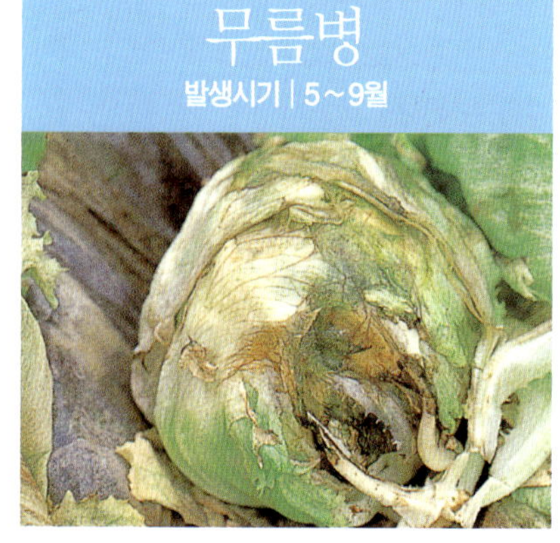

피해 상황 땅 속 줄기나 잎 밑부분에 옅은 갈색으로 물든 듯한 병반이 생겨서 무르고 썩어 악취가 난다.

예방하기 발병한 밭에서 이어짓기를 피한다. 잎이나 줄기에 상처가 나지 않도록 한다. 밭은 미리 소독하고, 병든 포기는 뽑아낸다.

농약 방제 등록된 농약은 없다. 일본에서는 카프로 혼합수화제 500배액(21/3) 또는 코퍼설페이트베이직 800배액(전날)을 뿌린다.

피해 상황 잎에 갈색 원형의 작은 점무늬가 생기고 점무늬가 넓어져서 서로 붙어 부정형의 큰 병반을 만든다. 심하면 마른다.

예방하기 비가 많이 오거나 밭에 수분이 많으면 잘 생기므로 물빼기를 잘한다. 병든 잎은 제거하고 낙엽은 모아서 처분한다.

농약 방제 등록된 농약은 없다. 일본에서는 쿠퍼하이드록사이드 500배액(전날)을 뿌린다.

피해 상황 결구~수확기에 걸쳐서 결구 바깥쪽 잎이 연한 갈색이나 갈색으로 물러져 썩는다. 악취는 나지 않는다.

예방하기 비가 계속 오면 많이 생기므로 밭의 물빼기를 잘하고, 피해 포기는 뽑아서 처분한다. 비가 올 때는 수확하지 않는다.

농약 방제 등록된 농약은 없다. 일본에서는 쿠퍼하이드록사이드 500배액, 코퍼설페이트베이직 800배액(전날), 옥쏘리닉에시드 수화제 2000배액(14/2)을 뿌린다.

피해 상황 바깥쪽 잎에서 땅에 닿은 부분이 갈색 부정형으로 점점 이상한 병반이 생기고 심하면 마른다.

예방하기 같은 장소에서 이어짓기를 피한다. 밭의 수분을 알맞게 하고, 흙은 미리 소독하며, 피해 포기는 뽑아낸다.

농약 방제 등록된 농약은 없다. 일본에서는 타로닐 수화제 1000배액(14/3) 또는 토로스 수화제(7/3)를 뿌린다.

피해 상황 본잎이 4~5장 될 때 잎이 누렇게 시들고 점차 물러져서 썩으며, 땅에 닿은 부분이 잘록하게 가늘어져 심하면 마른다.

예방하기 피해 포기는 주위의 흙과 함께 없애고, 낙엽도 모아 밭과 떨어진 곳에서 처분한다. 흙에 수분이 많지 않도록 물빼기를 잘한다.

농약 방제 밑둥시들음병에 사용하는 농약으로 동시에 방제한다.

피해 상황 본잎이 2~3장 될 때 잎이 누렇게 시든다. 뿌리는 갈색으로 썩고 생육이 나빠지며, 심하면 마른다.

예방하기 같은 밭에서 이어짓기를 피한다. 병든 포기는 주위의 흙과 함께 없애고, 밭과 떨어진 곳에서 처분한다. 밭은 미리 소독한다.

농약 방제 발병 후에는 적당한 농약이 없다.

피해 상황 바깥쪽 잎에 갈색의 물든 듯한 병반이 생겨 썩고, 그곳에 흰 솜털 같은 곰팡이가 생기며, 나중에 검은색 큰 균씨가 된다.

예방하기 지난해 발병했던 밭에서 많이 생기므로 이어짓기를 피하며, 물빼기를 잘한다.

농약 방제 등록된 농약은 없다. 일본에서는 프로파 수화제 2000배액(7/5) 또는 이프로 수화제 1000배액(14/3)을 뿌린다.

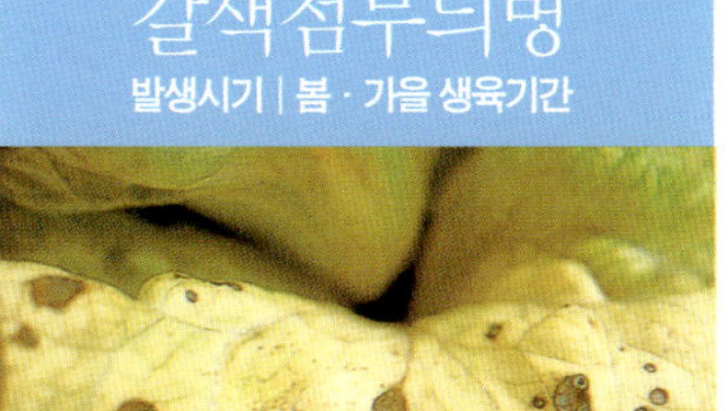

갈색점무늬병
발생시기 | 봄·가을 생육기간

피해 상황 바깥쪽 잎에 갈색으로 물에 잠긴 듯한 원형 병반이 생기고, 병반이 서로 붙어서 커진다.

예방하기 공기 중의 습도가 높으면 잘 생긴다. 병든 잎은 제거하고, 낙엽은 모아서 밭과 떨어진 곳에서 처분한다.

농약 방제 적당한 농약이 없다

노균병
발생시기 | 4~5월

피해 상황 바깥쪽 잎에 경계가 확실하지 않은 부정형의 황색 무늬가 나타나고, 그 뒷면에는 서리 같은 흰곰팡이가 생겨 심하면 마른다.

예방하기 비가 계속 오거나 공기 중의 습도가 높으면 잘 생긴다. 피해 잎은 제거하고 낙엽도 모아서 처분한다.

농약 방제 등록된 농약은 없다. 일본에서는 썩음병에 사용하는 코퍼설페이트베이직으로 동시에 방제한다.

잿빛곰팡이병
발생시기 | 4~6월, 9~10월

피해 상황 바깥쪽 잎에 물든 듯한 연한 갈색 병반이 생기고, 이것이 빠르게 퍼져 갈색으로 썩는다. 그곳에 잿빛곰팡이가 생긴다.

예방하기 공기 중의 습도가 높으면 생긴다. 피해 잎과 낙엽을 모아서 처분한다.

농약 방제 등록된 농약은 없다. 일본에서는 프로파 수화제 2000배액(7/5) 또는 이프로 수화제 1000~1500배액(14/3)등을 뿌린다.

담배거세미나방
발생시기 | 7~11월

피해 상황 알덩어리로 산란하여 부화한 유충은 2령까지 집단으로 잎을 갉아먹는다. 3령 이후에는 흩어지지만 령이 지날수록 먹는 양이 늘어난다.

예방하기 약령기에 유충집단이 보이는 대로 잡아주는 것이 효과적이다. 황색 점착지로 성충을 잡는다.

농약 방제 등록된 농약은 없다. 일본에서는 테프루벤주론 유제 2000배액(3/2), 아세페이트 수화제 1000배액(14/3)을 뿌린다.

완두굴파리 피해
발생시기 | 6~11월

피해 상황 유충이 잎살 속을 터널모양으로 갉아먹어 사진과 같은 피해가 나타난다. 아메리카잎굴파리와는 달리 완두굴파리는 잎살 속에서 번데기가 된다.

예방하기 유충이나 번데기를 잡아 없앤다. 성충은 황색 점착지로 잡는다.

농약 방제 등록된 농약은 없다. 일본에서는 니텐피람 입제를 아주심기한 모종의 포기 밑에 1g / 포기(3/3)을 준다.

왕담배나방
발생시기 | 6~10월

피해 상황 유충은 열매 속에 들어가 갉아먹는다. 열매채소류 등 많은 작물에 해를 입힌다. 일반적으로 살충제를 자주 뿌리는 곳에서 잘 생긴다. 년 3~4회 발생한다.

예방하기 유충을 보는 대로 잡는다.

농약 방제 등록된 농약은 없다. 일본에서는 아세페이트 수화제 1000배액(14/3)이나 테프루벤주론 유제 2000배액(3/2)을 뿌린다.

허브편

먹을 수 있는 허브를 중심으로 소개한다. 또한 허브는
병해가 거의 없으므로 해충을 중심으로 소개한다.

차조기(자소) |차조기과|

- **수확기** 7~10월
- **생기기 쉬운 병해충** 홍머위명나방, 바이러스병, 녹병, 도둑나방류, 잎응애류, 차먼지응애, 진딧물류, 뿌리혹선충 등
- **병해충 방제 point** 홍머위명나방의 피해 잎은 보는 대로 없앤다. 나방이 생겼을 때는 비티(생균) 과립수화제 등을 뿌린다.
- **일상관리 point** 여름철 건조에 약하므로 주의한다.

병해충 달력												
	1	2	3	4	5	6	7	8	9	10	11	12
병해				■	■	■	■	■	■	■		
해충				■	■	■	■	■	■			

바이러스병
발생시기 | 4~10월

피해 상황 잎에 짙고 옅은 녹색의 모자이크 증상이 생기고, 잎이 울퉁불퉁하며 기형이 된다. 생육도 나빠진다.

예방하기 진딧물이 병을 옮기므로 진딧물을 없앤다. 피해 포기는 뽑아내서 밭과 떨어진 곳에서 처분한다.

농약 방제 농약으로 방제할 수 없다.

녹병
발생시기 | 4~10월

피해 상황 잎에 귤색으로 조금 부푼 작은 점무늬가 많이 생기고 심하면 잎이 마른다.

예방하기 줄기와 잎이 너무 무성하지 않도록 관리한다. 공기 중의 습도가 높으면 생기기 쉬우므로 흙의 물빼기를 잘한다. 병든 잎과 낙엽 등은 밭과 떨어진 곳에서 처분한다.

농약 방제 등록된 농약은 없다. 일본에서는 리프졸 수화제 5000배액(10/3)을 뿌린다.

피해 상황 알덩어리로 산란하여 부화한 유충은 2령까지 집단으로 갉아먹는다. 3령 이후 흩어지며 령이 지날수록 먹는 양이 늘어난다.

예방하기 약령기의 유충집단을 잡는 것이 효과적이다.

농약 방제 등록된 농약은 없다. 일본에서는 유충 발생 초기에 비티(생균) 과립수화제 1000배액(7/4), 또는 비티(독소)액상수화제 500배액(7/4)을 뿌린다.

피해 상황 잎응애가 기생하는 잎 표면에 흰색 점무늬가 많이 생겨 포기 전체로 퍼진다. 많이 생기면 실을 토해내고 꼭대기에 모여 흩어진다.

예방하기 콩과나 박과, 가지과 등의 작물을 가까이에 재배하지 않는다. 천적인 칠레이리응애를 얻을 수 있으면 이용한다.

농약 방제 적당한 농약이 없다.

피해 상황 유충이 잎을 파먹는다. 첫번째는 봄부터 6월 하순까지, 그리고 7월과 9월에도 발생한다. 유충은 차조기과 식물의 마른 잎이나 줄기를 먹으면서 월동한다.

예방하기 유충은 재빨리 도망가므로 가위 등으로 파먹은 잎을 잘라 없앤다.

농약 방제 등록된 농약은 없다. 일본에서는 비티(생균) 과립수화제 1000배액(7/4)을 뿌린다.

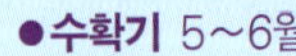

산초 |운향과|

─ 허브 ─

- **수확기** 5~6월
- **생기기 쉬운 병해충** 역병, 갈색점무늬병, 호랑나비, 남방제비나비, 애모무늬잎말이나방, 차먼지응애 등
- **병해충 방제 point** 호랑나비를 잡거나 담배벌레의 피해 잎을 제거한다. 병든 부분을 빨리 제거하여 처분한다.
- **일상관리 point** 햇볕이 좋고 물빼기

와 통풍이 잘 되는 곳에 아주심기한다. 아주심기 후 바닥덮기를 하여 건조를 막는다.

병해충 달력												
	1	2	3	4	5	6	7	8	9	10	11	12
병해					■	■	■	■				
해충					■	■	■	■	■	■	■	

역병
발생시기 | 5~10월

피해 상황 땅 위로 약 30㎝까지의 줄기에 갈색병반이 생기고, 생육이 나빠져 마른다. 잎도 갈색으로 둘레가 확실치 않은 병반이 생겨서 마른다.

예방하기 촘촘히 심거나 줄기와 잎이 너무 무성하지 않도록 관리하고, 흙에 수분이 적당하도록 개선한다.

농약 방제 적당한 농약이 없다.

갈색점무늬병
발생시기 | 4~10월

피해 상황 잎에 옅은 갈색의 불규칙한 원형 또는 둘레가 짙은 갈색 병반이 생기고 심하면 마른다.

예방하기 가지와 잎이 너무 무성하지 않도록 관리한다. 병든 잎은 제거하고 낙엽은 모아서 밭과 떨어진 곳에서 처분한다.

농약 방제 적당한 농약이 없다.

피해 상황 어린잎과 새싹을 좋아해서 갉아 먹는다. 작은 나무의 피해는 심각하지만 나무가 자라면 피해는 눈에 잘 띄지 않는다. 약령유충은 새똥 같은 모양인데, 노령유충은 녹색이다.

예방하기 작은 나무일 때 피해가 크므로 유충을 잡는다.

농약 방제 적당한 농약이 없다.

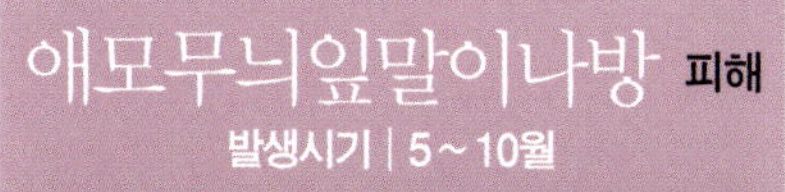

피해 상황 새잎을 실로 얽고 그 속에서 유충이 잎을 갉아먹는다. 년 4~5회 발생한다. 주로 배, 귤, 포도, 복숭아, 매실, 밤, 장미, 차 등 활엽수를 갉아먹는다.

예방하기 유충이 먹은 잎을 보는 대로 잡아 없앤다.

농약 방제 적당한 농약이 없다.

피해 상황 차먼지응애가 기생한 잎은 갈색으로 변하고 새잎이 굳어져 순멎음한다. 심하면 잎은 낙엽이 된다. 주로 새잎에 기생하고 잎 뒷면에서 차먼지응애가 자라는 여러 모습을 볼 수 있다.

예방하기 차 나무 등의 기주식물을 가까이에서 재배하지 않는다.

농약 방제 적당한 농약이 없다.

허브

로켓 |배추과|

- **수확기** 9~다음해 6월
- **생기기 쉬운 병해충** 섬서구메뚜기, 무잎벌, 벼룩잎벌레, 비단노린재, 담배거세미나방, 배추좀나방 등
- **병해충 방제 point** 터널형 방충망을 설치하여 해충 피해를 막는다. 고구마벌레류가 생기면 보는 대로 잡는다.
- **일상관리 point** 고온다습을 피하고,

물빠기가 잘 되는 흙에서 재배한다. pH를 조절하고 질소 과다를 피한다.

병해충 달력		1	2	3	4	5	6	7	8	9	10	11	12
	병해												
	해충												

섬서구메뚜기
발생시기 | 6~10월

피해 상황 잡식성으로 성충과 유충이 잎에 해를 입히고 불규칙한 구멍을 만든다. 8~9월경에 많이 생긴다. 년 1회 발생하며 알로 월동한다.

예방하기 유충과 성충을 보는 대로 잡는다.

농약 방제 적당한 농약이 없다.

무잎벌
발생시기 | 유충 5~6월, 10~11월

피해 상황 검은 유충이 배추과의 잎을 갉아 먹는다. 통풍이 나빠서 연약하게 웃자란 모종에 많이 생긴다. 잎 조직 속에 산란한다.

예방하기 유충은 보는 대로 잡는다. 통풍을 좋게 하고 모종을 튼튼하게 키운다.

농약 방제 적당한 농약이 없다.

벼룩잎벌레
발생시기 | 7~10월

피해 상황 성충이 잎을 점점이 갉아먹고 유충은 뿌리를 핥은 것처럼 해를 입힌다. 배추과 작물을 이어짓기하면 잘 생긴다.

예방하기 아주심기할 밭과 그 주변에 있는 잡초를 없애고 배추과 작물의 이어짓기를 피한다.

농약 방제 적당한 농약이 없다.

비단노린재
발생시기 | 4~9월

피해 상황 성충 및 유충이 잎의 즙을 빨아먹고, 빨아먹은 부분은 부정형의 흰 점무늬가 된다. 많이 생기면 생육이 나빠진다. 유충은 집단으로 해를 입힌다. 배추과 작물을 먹이로 하고, 년 2회 발생한다.

예방하기 유충, 성충을 보는 대로 잡는다.

농약 방제 적당한 농약이 없다.

담배거세미나방
발생시기 | 7~11월

피해 상황 알덩어리로 산란하여 부화한 유충은 2령까지 집단으로 잎 뒷면부터 갉아먹는다. 3령 이후에 흩어지며 령이 지날수록 먹는 양이 늘어난다.

예방하기 유충집단을 보는 대로 잡는 것이 효과적이다. 주변에 담배거세미나방이 좋아하는 배추과 작물을 재배하지 않는다.

농약 방제 적당한 농약이 없다.

민트류 |차조기과|

- **수확기** 3~11월
- **생기기 쉬운 병해충** 녹병, 도둑나방류, 홍머위명나방, 섬서구메뚜기, 완두굴파리 등
- **병해충 방제 point** 흙을 청결하게 관리하고 좋은 모종을 고른다. 또한 계속 건조하면 해충이 붙기 쉽다. 병든 포기는 파내어 처분한다.
- **일상관리 point** 적당한 습기를 가진 비옥한 흙에 재배한다. 질소 과다가 되지 않도록 주의한다. 몇 년에 한번씩 돌려짓기한다.

병해충 달력												
	1	2	3	4	5	6	7	8	9	10	11	12
병해												
해충												

담배거세미나방 피해
발생시기 | 7~11월

피해 상황 알덩어리로 산란하여 부화한 유충은 2령까지 집단으로 잎 뒷면부터 갉아먹는다. 3령 이후에 흩어지며 령이 지날수록 먹는 양이 늘어난다.

예방하기 유충집단을 보는 대로 잡는 것이 효과적이다. 주변에 담배거세미나방이 좋아하는 배추과 작물을 재배하지 않는다.

농약 방제 적당한 농약이 없다.

홍머위명나방
발생시기 | 4~10월

피해 상황 유충이 잎을 파먹는다. 첫번째는 봄부터 6월 하순까지, 그후 7월과 9월에도 생긴다. 유충은 차조기과 식물의 마른 잎과 줄기를 먹으면서 월동한다.

예방하기 유충은 재빨리 도망가므로 가위 등으로 피해 잎을 잘라 없앤다.

농약 방제 적당한 농약이 없다.

검은무늬밤나방
발생시기 | 4~5월, 9~12월

피해 상황 유충은 잎 뒷면에 살며 잎살을 갉아먹는다. 유충은 커지면서 먹는 양이 많아지고, 줄기와 어린잎을 먹는다. 유충은 자벌레모양으로 기어다닌다. 알은 1개씩 식물 위에 산란한다.

예방하기 유충은 보는 대로 잡는다.

농약 방제 적당한 농약이 없다.

섬서구메뚜기
발생시기 | 6~10월

피해 상황 잡식성으로 성충이나 유충이 잎에 해를 입혀 불규칙한 구멍을 만든다. 8~9월경에 많이 생긴다. 년 1회 발생하며 알로 월동한다.

예방하기 유충과 성충을 보는 대로 잡는다.

농약 방제 적당한 농약이 없다.

완두굴파리 피해
발생시기 | 6~11월

피해 상황 유충이 잎살 속을 터널모양으로 갉아먹어 사진처럼 피해가 나타난다. 아메리카잎굴파리와는 달리 완두굴파리는 잎살 속에서 번데기가 된다.

예방하기 잎을 갉아먹은 부분에 있는 유충이나 번데기를 손으로 잡는 것이 효과적이다.

농약 방제 적당한 농약이 없다.

맬로우 |아욱과|

- **수확기** 꽃 5~8월, 잎·뿌리 7~9월
- **생기기 쉬운 병해충** 흰가루병, 온실가루이, 노린재류, 목화명나방 등
- **병해충 방제 point** 병든 잎은 빨리 제거한다. 목화명나방이 말아놓은 잎을 없애고 잎에 있는 유충을 잡는다.
- **일상관리 point** 옮겨심기를 싫어하므로 비옥하고 물빠기가 잘 되는 곳에 포기

간격을 넓혀서 아주심기한다. 흙은 pH를 조절하고 질소 과다를 피한다.

병해충 달력												
	1	2	3	4	5	6	7	8	9	10	11	12
병해					■	■	■	■	■	■		
해충					■	■	■	■	■	■		

온실가루이
발생시기 | 5~10월

피해 상황 2령 유충 이후는 패각충처럼 붙어서 해를 입힌다. 감로가 나와 그을음병을 일으킨다. 채소류와 꽃나무, 관상식물 등 많은 식물에 발생한다.

예방하기 주위의 땅에 은색 비닐로 바닥덮기를 하거나 황색 점착트랩을 설치한다.

농약 방제 적당한 농약이 없다.

목화명나방 피해
발생시기 | 5~10월

피해 상황 유충이 잎 가장자리를 말아서 그 안에 살며 잎을 갉아먹는다. 무궁화, 아욱, 부용 등의 아욱과 식물에 생기며, 년 3회 발생한다.

예방하기 유충과 성충을 보는 대로 잡는다.

농약 방제 적당한 농약이 없다.

차이브 |백합과|

- **수확기** 3~11월
- **생기기 쉬운 병해충** 파굴파리, 파총채벌레, 로빙뿌리응애, 파혹진딧물 등
- **병해충 방제 point** 같은 곳에서 이어짓기를 피한다. 진딧물이 생기면 호스로 물을 뿌려 잎을 씻어낸다.
- **일상관리 point** 햇볕이 잘 들고 촉촉한 곳에 심는다. 소석회, 고토석회 등을 뿌려 pH를 조절한다. 여름의 강한 빛과 흙의 건조에 약하다.

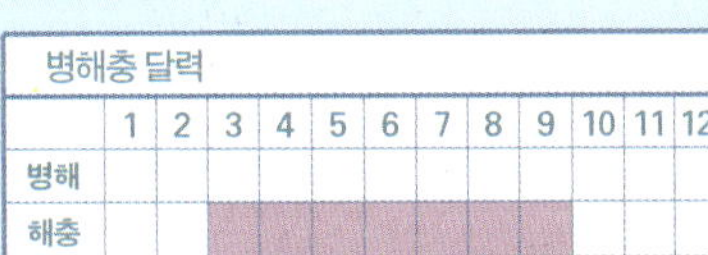

병해충 달력		1	2	3	4	5	6	7	8	9	10	11	12
병해													
해충													

피해 상황 유충이 파 잎에 숨어들어 안쪽부터 잎살을 갉아먹는다. 안쪽 벽부터 잎살을 갉아먹고, 불규칙한 하얀 힘줄로 갉아먹은 흔적이 나타난다. 잎 조직 속에 산란하는데, 산란한 곳은 하얗고 작은 점무늬로 보인다. 근처에 파나 양파를 심지 않는다.

예방하기 특별한 방법이 없다.

농약 방제 적당한 농약이 없다.

피해 상황 잎 표면을 갉아먹기 때문에 긁힌 듯한 은백색 흔적이 남는다. 꺾인 잎의 안쪽 등에 서식한다. 고온, 건조, 비가 적을 때 많이 생긴다. 많아지면 잎 가장자리가 하얗게 된다.

예방하기 여름철에 호스로 잎에 물을 주어 씻어낸다.

농약 방제 적당한 농약이 없다.

크레송 |배추과|

- **수확기** 5월~다음해 2월
- **생기기 쉬운 병해충** 무잎벌, 검정대줄벼룩잎벌레, 벼룩잎벌레, 완두굴파리, 넙적민달팽이, 배추좀나방 등
- **병해충 방제 point** 무잎벌, 검정대줄벼룩잎벌레 등의 해충이 생기면 잡는다.
- **일상관리 point** 깨끗한 물가, 부식질이 적은 모래흙을 좋아한다. 밭에 심을

경우에는 물주기를 잘하고, 가능하면 강가나 보습성이 좋은 밭을 골라 심는다. 실내에서 재배할 때는 줄기를 10㎝로 잘라 물에 꽂아두면 뿌리가 나온다. 추운 겨울을 빼고 1년 내내 수확한다.

병해충 달력												
	1	2	3	4	5	6	7	8	9	10	11	12
병해												
해충				■	■	■	■	■	■	■		

피해 상황 검은 유충이 배추과의 잎을 갉아먹는다. 통풍이 나빠 연약하게 웃자란 모종에 잘 생긴다. 알은 잎 조직 속에 산란한다.

예방하기 유충은 보는 대로 잡는다. 통풍이 좋게 하고, 모종을 튼튼하게 기른다.

농약 방제 적당한 농약이 없다.

피해 상황 성충이 잎을 갉아먹고, 잎에 작은 함몰이 많이 생긴다. 성충은 3~4㎜정도의 암청색 투구벌레로 손을 가까이 대면 벼룩처럼 튀어 도망간다.

예방하기 벌레를 옮기는 배추과 작물 근처에서는 재배하지 않는다. 성충은 보는 대로 잡는다.

농약 방제 적당한 농약이 없다.

바질 |차조기과|

- **수확기** 7~10월
- **생기기 쉬운 병해충** 섬서구메뚜기, 홍머위명나방, 담배거세미나방, 넙적민달팽이 등
- **병해충 방제 point** 홍머위명나방이 갉아먹은 잎을 제거하고, 다른 해충들도 보는 대로 잡는다. 민달팽이가 생기면 달팽이 방제약을 이용한다.
- **일상관리 point** 바질은 열대 아시아, 아프리카가 원산지인 허브다. 발아 적정온도는 20℃ 이상이며, 비옥하고 물빼기가 좋은 흙을 고른다.

병해충 달력												
	1	2	3	4	5	6	7	8	9	10	11	12
병해												
해충				▨	▨	▨	▨	▨	▨	▨		

섬서구메뚜기
발생시기 | 6~10월

피해 상황 잡식성으로 성충과 유충이 잎에 해를 입혀 불규칙한 구멍을 만든다. 8~9월경에 많이 생긴다. 년 1회 발생하며 알로 월동한다.

예방하기 유충과 성충을 보는 대로 잡는다.

농약 방제 적당한 농약이 없다.

홍머위명나방
발생시기 | 4~10월

피해 상황 유충이 잎을 파먹는다. 첫번째는 봄부터 6월 하순까지, 그후 7월과 9월에도 생긴다. 유충은 차조기과 식물의 마른 잎과 줄기를 먹으며 월동한다.

예방하기 유충은 재빨리 도망가므로 가위 등으로 피해 잎을 잘라 없앤다.

농약 방제 적당한 농약이 없다.

신선초 |미나리과|

- **수확기** 4~10월
- **생기기 쉬운 병해충** 산호랑나비, 조팝나무진딧물 등
- **병해충 방제 point** 여름철에 산호랑나비, 조팝나무진딧물이 많이 생기지만 손을 쓰지 않아도 작물은 죽지 않는다. 주위에 있는 백합과 식물은 산호랑나비가 이동하여 해를 줄 수 있으므로 주의한다.

- **일상관리 point** 논이나 개울 주변, 물가에서 자라기 때문에 빛이 잘 들고 습기가 조금 있는 흙에서 재배한다. 포기가 커지므로 포기 사이를 여유있게 한다.

병해충 달력												
	1	2	3	4	5	6	7	8	9	10	11	12
병해												
해충				■	■	■	■	■	■	■		

피해 상황 유충이 어린 싹과 잎을 갉아먹는다. 주로 백합과 식물을 먹으며, 노령유충은 어린잎을 많이 먹는다. 포기가 클수록 피해는 상대적으로 적어진다.

예방하기 포기가 작거나 적은 경우에는 피해가 크므로 유충을 보는 대로 잡는다.

농약 방제 적당한 농약이 없다.

피해 상황 잎 뒷면과 잎자루에 기생하며 해를 입힌다. 5~6월경에 배와 복숭아 같은 과일나무의 새 가지 끝에 무리지어 서식한다. 봄에 많이 생기고, 여름에는 밀도가 낮아지지만 가을에 다시 밀도가 높아진다.

예방하기 질소비료를 많이 쓰지 않는다. 은색 바닥덮기 등으로 방지한다.

농약 방제 적당한 농약이 없다.

세이지 |차조기과|

- **수확기** 4~10월
- **생기기 쉬운 병해충** 점박이잎응애(적색형), 온실가루이 등
- **병해충 방제 point** 실내처럼 바람이나 비가 없는 환경에서 기르면 잎응애나 가루이류가 늘어난다. 때때로 비를 맞게 한다.
- **일상관리 point** 비옥하고 물빼기가 잘 되며 건조한 흙을 좋아한다. 고온다습을 싫어하므로 촘촘하게 심지 않는다.

병해충 달력												
	1	2	3	4	5	6	7	8	9	10	11	12
병해												
해충					■	■	■	■	■	■		

점박이잎응애
발생시기 | 5~10월

피해 상황 잎응애가 기생한 잎 표면에 흰색 점무늬가 많이 생겨 포기 전체로 퍼진다. 많이 생기면 실을 토해내며 꼭대기에 모여 흩어진다.

예방하기 잎응애를 옮길 수 있으므로 콩과나 박과, 가지과 등의 작물을 근처에 재배하지 않는다.

농약 방제 적당한 농약이 없다.

온실가루이 피해
발생시기 | 5~10월

피해 상황 2령 유충 이후는 패각충처럼 붙어서 해를 입힌다. 감로를 배출하여 그을음병을 일으킨다. 채소, 꽃나무, 관엽식물 등 많은 식물에서 생긴다.

예방하기 주위에 은색 비닐 바닥덮기를 하거나 황색 점착트랩을 설치한다.

농약 방제 적당한 농약이 없다.

레몬그래스 |벼과|

- **수확기** 6~10월
- **생기기 쉬운 병해충** 조명나방, 넙적민 달팽이 등
- **병해충 방제 point** 해충이 거의 없다. 옥수수와 가까이 재배하면 드물게 피해가 생긴다.
- **일상관리 point** 원산지가 인도이다. 햇볕이 잘 들고 온난하며 비옥한 흙을 좋아한다. 추위에 약하므로 겨울에는 서리가 내리기 전에 실내에 들여놓고 물주기도 삼간다.

병해충 달력												
	1	2	3	4	5	6	7	8	9	10	11	12
병해												
해충				■	■	■	■	■	■	■	■	

조명나방 피해
발생시기 | 7~11월

피해 상황 줄기에 해를 입혀 줄기 끝의 잎이 말라 죽는다. 주변에 벼과인 사탕수수, 옥수수 등의 기주식물이 많으면 잘 생긴다.

예방하기 피해 줄기 안쪽의 유충을 보는 대로 잡는다. 피해 잎을 제거하고, 다음해에 나방이 생기는 원인이 되지 않도록 수확하고 남은 것들을 밭과 떨어진 곳에서 처분한다.

농약 방제 적당한 농약이 없다.

넙적민달팽이
발생시기 | 4~11월

피해 상황 잎을 갉아먹는데, 그 피해보다도 불쾌한 해충이라는 생각이 강하다. 성체로 월동하고, 봄에 산란한다. 외국에서 들어온 해충이다.

예방하기 습기가 있는 곳을 좋아하므로 건조하게 한다. 구리 이온을 싫어하기 때문에 동판 등을 깔아서 방지한다.

농약 방제 등록된 농약이 없다. 일본에서는 메타알데하이드 5% 1~2g/㎡ 또는 메타알데하이드 6% 5g/㎡을 처리한다.

헬리오트로프 |지치과|

- **수확기** 7~10월
- **생기기 쉬운 병해충** 애모무늬잎말이나방, 담배거세미나방, 진딧물, 온실가루이 등
- **병해충 방제 point** 청색 점착지를 설치하여 진딧물, 가루이를 잡는다. 여름에 고온다습하지 않은 곳에서 재배한다.
- **일상관리 point** 페루가 원산지이므로, 겨울에는 화분에 심어서 온실이나 따뜻한 실내에 들여다 놓는다. 장마철부터 여름 동안은 비와 강한 빛을 받지 않도록 한다.

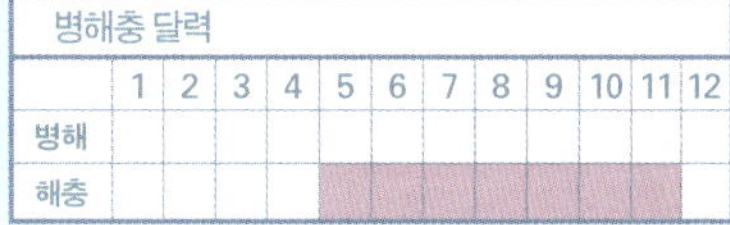

병해충 달력												
	1	2	3	4	5	6	7	8	9	10	11	12
병해												
해충					■	■	■	■	■	■	■	

애모무늬잎말이나방 피해
발생시기 | 5~10월

피해 상황 새잎을 실로 얽어 그 속에 유충이 서식하며 잎을 갉아먹는다. 년 4~5회 발생한다. 주로 배, 귤, 포도, 복숭아, 매실, 밤, 장미, 차 등 활엽수를 먹는다.
예방하기 유충이 갉아먹은 잎을 보면 안쪽에 있는 유충을 잡는다.
농약 방제 적당한 농약이 없다.

담배거세미나방 피해
발생시기 | 7~11월

피해 상황 알덩어리로 산란하여 부화한 유충은 2령까지 집단으로 잎 뒷면부터 갉아먹는다. 3령 이후 흩어지며 령이 지날수록 먹는 양이 늘어난다.
예방하기 유충집단을 보는 대로 잡는 것이 효과적이다. 주변에 담배거세미나방이 좋아하는 배추과 작물을 재배하지 않는다.
농약 방제 적당한 농약이 없다.

양하 |생강과|

- **수확기** 7~10월
- **생기기 쉬운 병해충** 잎마름병, 뿌리줄기썩음병, 줄기마름병, 모자이크병, 박쥐나방, 머위명나방, 뿌리혹선충류 등
- **병해충 방제 point** 뿌리줄기썩음병이나 선충류가 발생한 밭에서 재배하지 않는다.
- **일상관리 point** 건조와 강한 햇볕에

약하므로 물빼기가 잘 되는 반음지에서 재배한다. 비료가 너무 부족하면 병이 생기므로 적정 수준으로 준다.

병해충 달력												
	1	2	3	4	5	6	7	8	9	10	11	12
병해						■	■	■	■	■		
해충			■	■	■	■	■	■	■	■		

둥근무늬잎마름병
발생시기 | 4~10월

피해 상황 잎에 원형이며 가운데가 회색이나 흰색이고, 주위가 옅은 갈색인 조금 큰 병반이 생긴다. 병반은 나이테모양이다. 병반이 퍼져서 서로 붙어 커지고 심하면 마른다.

예방하기 병든 잎은 제거하고 낙엽도 함께 밭과 떨어진 곳에서 처분한다.

농약 방제 잎마름병과 동시에 방제할 수 있다.

잎마름병
발생시기 | 4~10월

피해 상황 잎 가장자리부터 암갈색으로 커져서 마르거나, 원형 또는 불규칙한 원형 병반이 생겨서 잎이 마른다.

예방하기 비가 계속 오면 잘 생긴다. 병든 잎은 제거하여 낙엽과 함께 밭과 떨어진 곳에서 처분한다.

농약 방제 등록된 농약이 없다. 일본에서는 타로닐 수화제 1000배액(14/4)이나 프로피 수화제 500배액(14/3)을 뿌린다.

모로헤이야 |참피나무과|

- **수확기** 7~11월
- **생기기 쉬운 병해충** 잎부품병, 섬서구메뚜기, 담배거세미나방, 잎응애류, 차먼지응애, 콩풍뎅이 등
- **병해충 방제 point** 잎응애, 차먼지응애가 생기면 밀베멕틴 유제 1500배액(전날/1)을 뿌린다.
- **일상관리 point** 바닥덮기 재배를 하며, 땅의

온도를 높여 생육이 잘 되도록 한다. 잎부품병은 특히 시설 안에서 잘 생기는 경향이 있다.

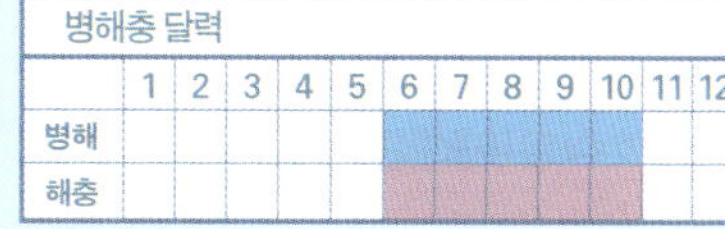

병해충 달력												
	1	2	3	4	5	6	7	8	9	10	11	12
병해												
해충												

섬서구메뚜기
발생시기 | 6~10월

피해 상황 잡식성으로 성충과 유충이 잎에 해를 입혀 불규칙한 구멍을 만든다. 8~9월에 많이 생긴다. 년 1회 발생하고, 알로 월동한다.

예방하기 유충이나 성충을 보는 대로 잡는다.

농약 방제 등록된 농약은 없다. 일본에서는 콩풍뎅이에 사용하는 메프 유제 1000배액(14/2)을 뿌려 동시에 방제하다.

담배거세미나방
발생시기 | 7~11월

피해 상황 알덩어리로 산란하여 부화한 유충은 2령까지 집단으로 잎 뒷면부터 갉아먹는다. 3령 이후 흩어지며 령이 지날수록 먹는 양이 늘어난다.

예방하기 유충집단을 잡는 것이 효과적이다. 주변에 담배거세미나방이 좋아하는 배추과 작물을 재배하지 않는다.

농약 방제 등록된 농약은 없다. 일본에서는 약령유충기에 콩풍뎅이에 사용하는 농약으로 동시에 방제한다.

파드득나물(삼엽채) |미나리과|

- **수확기** 5~11월
- **생기기 쉬운 병해충** 그루마름병, 노균병, 온실가루이, 산호랑나비, 뿌리혹선충, 진딧물류, 담배거세미나방, 꼭지매미충 등
- **병해충 방제 point** 방충망을 쳐서 해충이 날아오는 것을 막는다.
- **일상관리 point** 이어짓기를 피한다.

3~4년간 파드득나물을 재배하지 않은 반음지를 골라서 재배한다. 흙이 건조하지 않도록 한다.

병해충 달력		1	2	3	4	5	6	7	8	9	10	11	12
병해													
해충													

피해 상황 바깥쪽 잎이 누렇게 시들고, 점차 안쪽 잎도 누렇게 시들어 마른다. 뿌리는 썩고 줄기의 관다발은 갈색으로 변한다.

예방하기 같은 장소에서 이어짓기를 피한다. 흙은 재배하기 전에 미리 소독한다. 병든 포기는 뽑아서 밭과 떨어진 곳에서 처리한다.

농약 방제 발병한 후에는 농약으로 방제하기 어렵다.

피해 상황 잎에 잎맥으로 나뉘는 담황색 병반이 나타나고, 그 뒷면에 회백색이나 회갈색 곰팡이가 생긴다. 심하면 마른다.

예방하기 촘촘하게 심지 않고 줄기와 잎이 너무 무성하지 않도록 관리한다. 피해 잎은 없애고 낙엽도 모아서 밭과 떨어진 곳에서 처분한다.

농약 방제 등록된 농약은 없다. 일본에서는 타로닐 수화제 1000배액을 뿌리가 자랄 때 뿌린다.

수프셀러리 |미나리과|

- **수확기** 수시
- **생기기 쉬운 병해충** 산호랑나비, 담배거세미나방, 진딧물류 등
- **병해충 방제 point** 해충은 보는 대로 잡는다.
- **일상관리 point** 볏짚이나 비닐로 덮어 비에 흙탕이 튀는 것을 막는다. 산성흙을 싫어하므로 소석회나 고토석회를 뿌려 pH를 조절한다.

비료나 물이 부족하지 않도록 주의한다.

병해충 달력												
	1	2	3	4	5	6	7	8	9	10	11	12
병해												
해충				■	■	■	■	■	■	■	■	

피해 상황 유충이 어린 싹과 잎을 갉아먹는다. 주로 미나리과 식물을 먹는다. 특히 노령 유충은 어린잎을 많이 먹는데 포기가 커지면 피해가 상대적으로 적어진다.

예방하기 포기가 작거나 적으면 피해가 커진다. 그럴 경우 유충을 잡는다.

농약 방제 적당한 농약이 없다.

피해 상황 알덩어리로 산란하여 부화한 유충은 2령까지 집단으로 잎 뒷면부터 갉아먹는다. 3령 이후 흩어지며 령이 지날수록 먹는 양이 늘어난다.

예방하기 유충집단을 보는 대로 잡는 것이 효과적이다. 주변에 담배거세미나방이 좋아하는 배추과 작물을 재배하지 않는다.

농약 방제 적당한 농약이 없다.

스위트마조람 |차조기과|

- **수확기** 수시
- **생기기 쉬운 병해충** 완두굴파리 등
- **일상관리 point** 햇빛이 잘 들고 건조

한 흙을 좋아하므로 물빼기를 잘하고, 촘촘히 심지 않는다.

피해 상황 유충이 잎살 속을 터널모양으로 갉아먹어 사진처럼 피해가 나타난다. 아메리카잎굴파리와는 달리 완두굴파리는 잎살 속에서 번데기가 된다.

예방하기 사진처럼 갉아먹은 흔적 끝에 있는 유충이나 번데기를 손으로 잡는 것이 효과적이다.

농약 방제 적당한 농약이 없다.

타임 |차조기과|

- **수확기** 4~10월
- **생기기 쉬운 병해충** 홍머위명나방 등
- **일상관리 point** 햇빛이 잘 들고 건조

한 흙을 좋아하므로 물빼기를 잘하고, 촘촘히 심지 않는다.

피해 상황 유충이 잎을 파먹는다. 처음에는 봄부터 6월 하순까지, 그후 7월과 9월에도 생긴다. 유충은 차조기과 식물의 마른 잎과 줄기를 먹으면서 월동한다.

예방하기 유충은 재빨리 도망가므로 가위 등으로 피해 잎을 잘라 없앤다.

농약 방제 적당한 농약이 없다.

딜 |미나리과|

- **수확기** 3~7월, 10~11월
- **생기기 쉬운 병해충** 산호랑나비 등
- **일상관리 point** 햇빛이 잘 들고 비옥하며 건

조한 흙을 좋아하므로 물빼기를 잘 한다.

피해 상황 유충이 어린 싹이나 잎을 갉아먹는다. 주로 미나리과 식물을 먹는데, 포기가 커지면 피해가 적다. 봄보다 가을에 더 잘 생긴다.

예방하기 특별히 방제할 필요는 없지만 필요한 경우에 유충을 잡는다.

농약 방제 적당한 농약이 없다.

해바라기 |국화과|

- **수확기** 9월
- **생기기 쉬운 병해충** 흰가루병, 갈색점무늬병, 검은무늬병, 섬서구메뚜기 등
- **일상관리 point** 물빼기가 잘 되는 곳에서 재배하며, 촘촘히 심지 않는다.

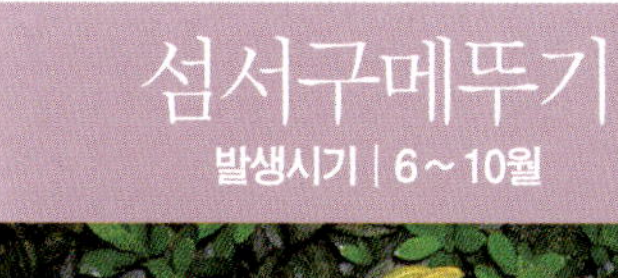

피해 상황 잡식성으로 성충과 유충이 잎에 해를 입혀 불규칙한 구멍을 만든다. 8~9월경에 많이 발생한다. 년 1회 발생하고 알로 월동한다.

예방하기 유충과 성충을 보는 대로 잡는다.

농약 방제 적당한 농약이 없다.

라벤더 |차조기과|

- **수확기** 잎 4월, 9~10월, 꽃 5~6월
- **생기기 쉬운 병해충** 왕담배나방 등
- **일상관리 point** 배수, 일조량, 통풍 등

이 좋은곳을 선택한다.

피해 상황 유충이 연약한 어린 싹과 꽃을 갉아먹는다. 열매채소류, 옥수수, 꽃나무, 목화 등 많은 작물에 피해를 주는 해충으로 알려져 있다. 일반적으로 살충제를 자주 뿌리는 곳에서 많이 생긴다. 년 3~4회 발생한다.

예방하기 유충을 보는 대로 잡는다.

농약 방제 적당한 농약이 없다.

루 |운향과|

- **수확기** 4~10월
- **생기기 쉬운 병해충** 모잘록병, 호랑나비 등
- **일상관리 point** 물빼기를 잘하고, 촘촘히 심지 않는다. pH를 조절하고 질소를 너무 많이 사용하지 않는다.

피해 상황 어린잎과 어린 싹에 해를 입히는데, 그 피해가 크지 않아 눈에 잘 띄지 않는다. 약령유충은 새똥과 같은 색과 모양이지만, 노령유충은 녹색이다.

예방하기 특별히 방제할 필요는 없지만 필요한 경우에 유충을 잡는다.

농약 방제 적당한 농약이 없다.

기초편

농약과 병해충에 관한 기초지식을 정리하였다.
천적과 혼작물의 이용방법도 소개한다.

1. 안전한 농약 사용법

가정에서 텃밭 재배를 즐기며 그곳에서 수확한 채소를 먹는 것은 더욱 기쁜 일이다. 그러나 채소가 반드시 순조롭게 자라주는 것은 아니다. 자라다 병에 걸리거나 해충의 피해를 입는 등 여러 가지 어려움이 있다. 그럴 때 방제약이 필요한데, 각각의 병해충에 맞는 약을 선택하여 정확하게 뿌려야 한다. 그러나 방제약이 모든 문제를 해결하는 것은 아니다. 그 중에는 발병 후에는 효과가 없는 약도 있다. 여기에서는 그런 병을 치료하고 해충을 없애는 안전한 농약사용법을 소개한다. 또한 조금이라도 약을 적게 사용하는 자연친화적 방제법도 모두 소개한다.

농약의 종류

약은 사용목적에 따라 살균제, 살충제, 살충살균제, 제초제, 식물호르몬제, 전착제 등 여러 종류가 있다. 여기에서는 채소 재배에 필요한 농약을 소개한다.

❶ 살균제

여러 병의 예방과 치료에 사용한다.

● 직접 살균제 잎이나 줄기 등에 뿌려서 병원균을 직접 살균한다.

● 보호 살균제 병의 발생 초기에 뿌리면 상처 부위나 숨구멍으로 침투하여 병원균을 살균한다.

● 길항균제 균의 힘으로 병원균을 이긴다.

❷ 살충제

● 식독제 살충제를 뿌린 잎이나 줄기를 해충이 먹으면 퇴치된다.

● 접촉제 약이 뿌려진 잎이나 줄기 등을 다니면 해충의 몸에 약이 묻어서 퇴치된다.

● 침투이행성 약제 잎과 줄기에 뿌려지거나 토양에 섞인 약이 잎과 줄기, 뿌리에서 흡수되어 식물 체내에 침투되고, 그 잎과 줄기를 갉아먹거나 즙을 빨아먹으면 해충이 퇴치된다.

❸ 살충살균제

살균제와 살충제를 혼합한 약이다.

❹ 전착제

유제나 수화제 용액에 매우 소량을 첨가하여 약이 작물 표면에 붙는 접착도를 높여준다.

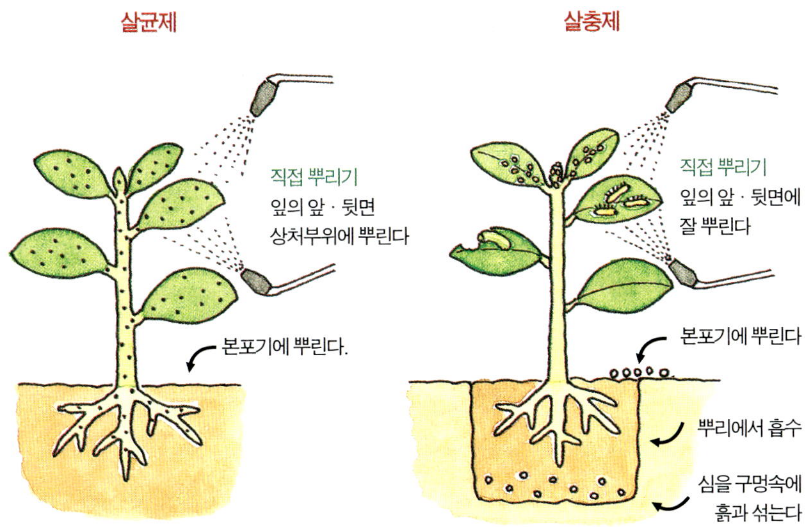

농약에는 그대로 사용하는 것과 물을 섞어서 희석하여 사용하는 것이 있다. 다음은 이 두 가지의 다른 점이다.

● 그대로 사용하는 약

● 입제 · 미립제

농약의 유효성분을 광물질의 분말에 흡착시켜 알갱이 모양으로 만든 것이다. 가루보다 입자가 크기 때문에 사용할 때 흩날리지 않는다. 주의점은 비가 적게 올 때 키가 큰 작물에는 효과가 떨어진다는 것이다. 줄기 밑에 뿌리는 것과 아주심기할 토양에 섞어서 사용하는 것이 있다.

● 분무형 연무제

단추를 누르면 간단히 분무되기 때문에 베란다 원예 등 조금 뿌릴 때 편리하다. 가까이에서 뿌리면 식물에 냉해를 일으키는 것도 많으므로 30㎝ 이상 떨어져서 사용한다. 대량 살포는 안 된다.

● 연무제

분무기에 미리 조합한 농약을 넣는다. 힘들지 않게 간단히 사용할 수 있다. 가까이에서 뿌려도 냉해를 입지 않는다. 분무형 연무제 같이 대량 살포는 안 된다.

● 분제

농약의 유효성분을 활석(탤크)이나 백토(벤토나이트) 등의 분말로 양을 늘려서, 물에 희석하지 않고 그대로 뿌린다. 약을 뿌릴 때 흩날리면 사람이나 애완동물이 들이마실 수 있다. 또한 한 군데에 집중해서 뿌리면 약해가 생길 수도 있으므로 주의한다.

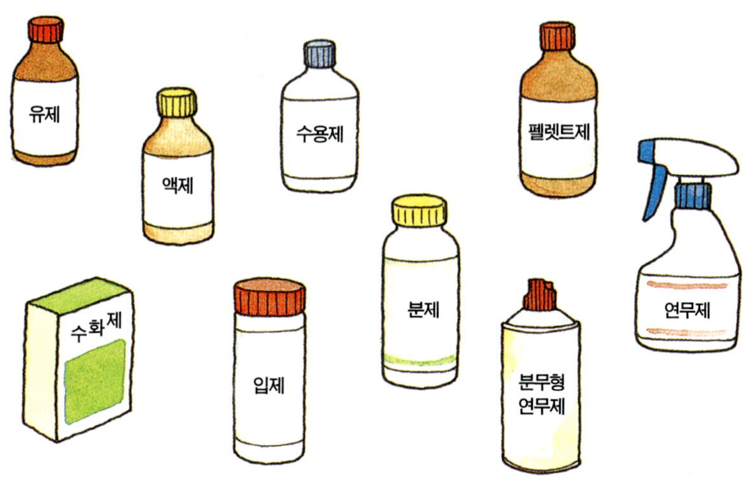

●펠렛트제

밀기울 등에 약을 섞어서 펠렛트 모양으로
만든 약이다. 민달팽이, 세미나방, 쥐며느
리, 귀뚜라미 등 낮에는 숨어 있고 밤에 활
동하는 해충에 사용한다. 비가 오면 약물이
흘러내려 효과가 떨어진다. 약을 처리한 후
에 물을 주는 것도 약효가 떨어지므로 조심
한다.

❷ 물로 희석하여 사용하는 약

대량으로 뿌릴 때 좋다. 미리 뿌릴 양을 계
산하여 필요 이상으로 약을 많이 만들지 않
도록 한다. 약을 측정하고 뿌리는 기구들이
필요하다.

●유제 · 액제

유제는 약의 유효성분을 유성 용매로 녹여
서 유화제를 첨가해 물에 잘 섞이도록 한 것
이다. 물에 용해되면 하얗고 탁한 우유색으
로 되는 것이 특징이다. 액제는 물에 용해되
어도 유제처럼 하얗고 탁해지지 않는다.

●수화제(액상수화제 포함) · 수용제

수화제는 약의 유효 성분을 광물질의 분말
등에 흡착시켜 가루로 만든 것이다. 그것을
액체에 용해한 것이 액상수화제이다. 수용
제는 약의 유효성분이 물에 잘 녹는 성질이
있다. 사용할 때는 일정량의 물에 희석하여
사용하며, 약이 뿌려진 부분에 잘 붙어 있도
록 하는 전착제가 필요하다.

사용설명서를 잘 읽는다

사용설명서는 농약을 안전하게 사용하기 위한 주요 사항이 적혀있다.

농약의 희석률

물 1 *l* 기준

희석배률	농약량	농약농도(%)
100배	10	1
200배	5	0.5
250배	4	0.4
300배	3.3	0.33
400배	2.5	0.25
500배	2	0.2
1000배	1	0.1
2000배	0.5	0.05

(주) 농약량은 g 또는 cc

농약의 안전한 사용법

농약을 안전하게 사용하기 위해서는 다음사항을 잘 지켜야 한다.

❶ 기본사항

● 술을 마셨거나 몸이 좋지 않을 때는 뿌리지 않는다.

● 약 뿌리기는 한낮 기온이 높을 때를 피해 아침이나 저녁에 기온이 낮고 건조한 시간에 뿌린다.

● 바람이 강할 때는 약을 뿌리지 않는다.

● 사용설명서를 잘 읽는다.

● 약 뿌리기 전, 약 뿌릴 때, 약 뿌린 후의 기본사항을 지킨다.

● 약을 보관할 때의 주의사항을 지킨다.

❷ 사용설명서를 잘 읽는다

판매하는 약에는 용기의 라벨에 반드시 사용설명서가 쓰여있다. 설명서에는 그 약의 효과와 작물에 대한 약해 등의 주의사항, 환경과 사람·가축·어류에 대한 영향 등, 안전하게 사용하기 위한 주의사항이 적혀 있다. 글씨가 작더라도 반드시 읽고 주의사항에 따라 사용한다.

또한 안전사용기준에는 '사용 농도' 난에 '희석 배수와 사용량'이 적혀 있다. '사용시기'에 '14일 전'이라고 써 있는 것은 약을 뿌린 후 14일 이상 지나지 않으면 수확하지 말라는 뜻이다. '사용 횟수'에 '3회 이

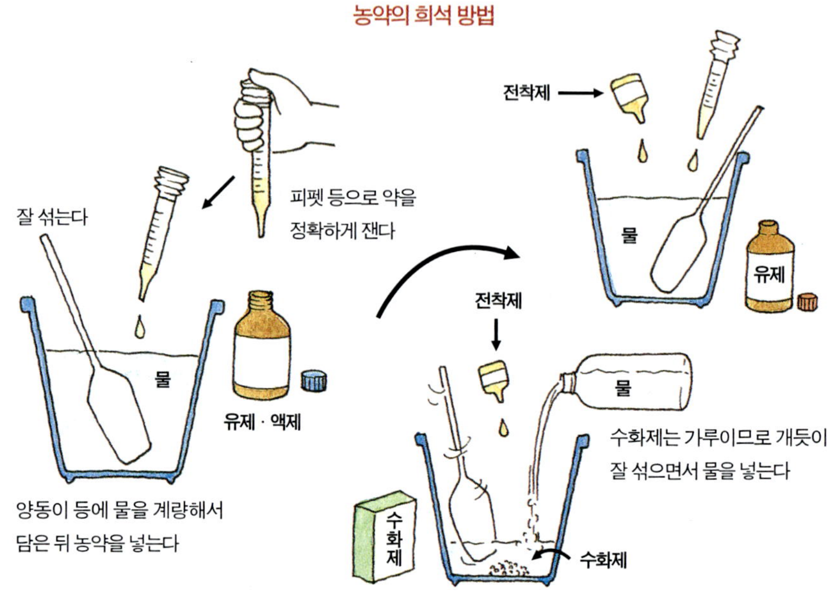

내'라는 것은 씨뿌리기(아주심기)부터 수확까지 3회 이상 뿌릴 수 없다는 뜻이다. 또 '사용횟수'에 '-'로 되어 있는 경우에는 특별히 사용횟수에 제한이 없다는 기호이지만 되도록 줄여서 사용한다.

채소를 재배하는 사람과 먹는 사람의 안전을 위해 약의 사용시기와 횟수를 지킨다.

사용시기와 횟수는 같은 약이라도 채소 종류에 따라 다를 수 있으므로 사용설명서에 따른다. '사용방법' 난에는 처리방법 등이 적혀 있다.

❸ 약 뿌릴 때의 기본적인 주의사항

|뿌리기 전|

● 뿌리기 전에 안전을 위한 보호장비(긴소매 셔츠 또는 우비, 고무장갑, 장화, 마스크, 보안경, 모자)와 뿌리는 기구의 상태를 점검한다.

● 희석하여 쓰는 약은 뿌릴 양만 만든다.

● 곰팡이는 습도가 높을 때 번식하므로 살균제는 비 오기 전날 뿌리는 것이 좋다.

|뿌릴 때|

● 뿌린 약이 피부에 묻거나 들이마시지 않도록 한다. 모자와 우비·고무장갑 등을 착용하여 피부에 약이 직접 닿지 않게 하고, 약을 들이마시지 않도록 마스크를 하며, 보안경도 쓴다.

● 뿌릴 때는 약이 몸에 닿지 않도록 바람의 방향에 주의하여 바람을 등지고 뒷걸음질

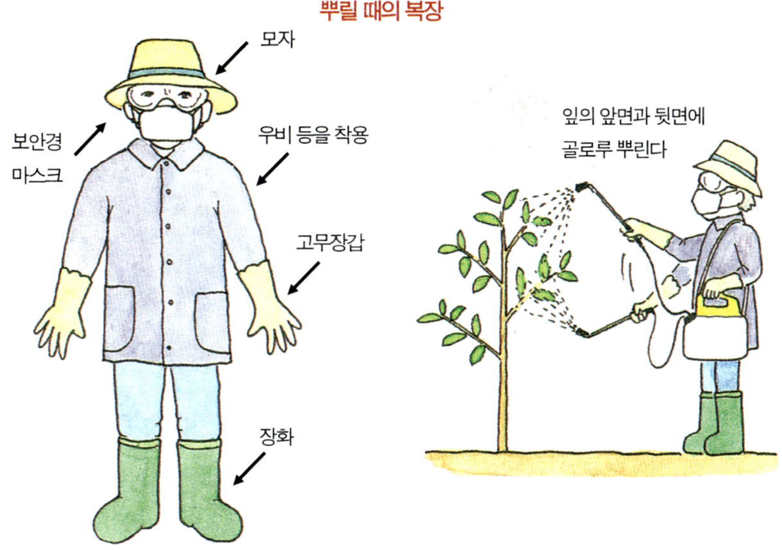

치면서 뿌린다.

● 주변에 흩날리지 않도록 주의한다.

● 실내의 식물은 실외에서 뿌린다.

● 약을 뿌릴 때는 발병 부위에 확실하게 붙도록 고운 입자로 뿌린다. 압력은 상하지 않게 하고, 잎의 뒷면에도 주의깊게 뿌린다.

● 뿌리는 중에 음주나 흡연은 삼간다.

| 뿌린 후 |

● 뿌린 후에는 피부의 노출 부위를 비누로 씻고 양치질한다.

● 약을 뿌린 장소에 사람이나 애완동물이 출입하지 않도록 주의한다.

● 약을 뿌린 기구는 물에 잘 씻고, 보호장비에도 약이 묻어 있으므로 물로 잘 씻어서 건

조시킨 후 보관한다.

● 남은 희석액은 보관할 수 없는데, 하수구나 하천 등에 흘려보내면 안 된다. 물 속에 사는 생물에게 나쁜 영향을 주기 때문이다. 남은 약을 처분해야 할 경우에는 땅에 구멍을 파고 그 안에 흘려넣는다.

● 사용한 빈병이나 용기는 안을 씻어서 처리한다.

| 보관할 때 |

● 약이 들어있는 용기는 직사광선이나 비를 맞지 않게 하고, 아이들 손이 닿지 않는 서늘하고 어두운 곳에 보관한다.

● 사용하고 남은 약 용기는 확실하게 막아서 위험하지 않도록 보관한다.

2. 주의해야 할 병해충

소중한 작물은 병이나 해충의 해를 피해 가고 싶다. 그러나 항상 방제에 힘을 써도 완전히 피할 수는 없다. 그래서 작물이 걸리기 쉬운 병과 생기기 쉬운 해충을 소개한다. 평소에 작물을 잘 관찰하여 이런 증상이 나타날 때 알맞게 대처한다.

사람은 모든 병원균에 감염되는 성질이 있다. 식물도 여러 병원균이 있지만, 예를 들어 토마토나 오이가 모든 병원균에 감염되지는 않는다. 많으면 70~80종 또는 5~6종의 병원균에만 감염된다. 이것은 식물이 특정 병원균에만 감염되고, 병원균도 특정 식물만 좋아하는 성질을 갖고 있기 때문이다.

사람과 식물은 병원균에 감염되는 성질이 다르다. 사람에게는 '생체방어' 라는 면역력이 있다. 혈액과 림프액에 외부로부터 침입하는 병원균 등 이물질에 대한 방어력이 있다. 그러나 식물에는 면역기능이 없어 발병 초기에 발견하여 대처해야 한다.

식물에 기생하는 병원균은 병으로 말라서 땅 속에 묻힌 잎과 뿌리 속에서 월동하며, 다음해에 포자형태로 흩날려서 전염된다. 퇴비로 만들어도 그 병원균이 모두 죽지 않아 퇴비를 밭에 주면 감염될 수 있다.

채소의 병은 바이러스병, 세균병, 사상균(곰팡이)병 등 세 가지가 있다.

바이러스병

사람이 감염되는 바이러스병과 기본적으로 같지만, 농작물에 기생하는 바이러스는 식물에만 기생하며, 크기는 100만분의 1㎜이다. 전염방법은 바이러스 종류에 따라 진딧물, 총채벌레가 즙액을 빨아먹을 때 전염되거나, 흙 속 선충이나 사상균에 의해 옮겨진다. 또한 병든 채소를 만진 손으로 건강한 채소를 만지거나 병든 잎이 건강한 잎에 닿아도 전염되고, 병든 파나 부추 등의 포기와 마늘 같은 알뿌리 등에서 포기나눔하거나 분구하여도 전염된다. 진딧물이나 총채벌레로 전염되는 경우에는 진딧물과 총채벌레를

오갈병이 생긴 파
잎에 짙고 옅은 녹색 힘줄 모양이 나타나며 잎이 황록색이 되거나 심하면 전체가 오그라든다.

방제하고, 병든 포기는 뽑아서 밭과 떨어진 곳에서 처리한다. 병든 포기를 자른 가위로 다른 포기를 자르면 감염된다. 토마토는 토양전염되는 바이러스가 있으므로 반드시 이어짓기를 피한다. 사진은 주요 작물에 생긴 대표적인 바이러스병이다.

모자이크병이 생긴 배추

잎에 짙고 옅은 녹색 모자이크 증상이 생기고, 검은색 작은 점무늬가 많이 나타나거나, 잎이 오그라들어 기형이 된다.

바이러스병이 생긴 오이

잎에 짙고 옅은 녹색 모자이크 증상이 생기고, 심하면 잎이 기형이 된다. 바이러스 종류에 따라 증상이 다른데, 기본적으로 모자이크 증상이 생긴다.

세균병

농작물에 기생하며 물러져 썩거나, 잎 등에 점무늬 모양의 병반을 만들고 잎을 마르게 하는 병원세균은 약 300종이다. 병원세균은 1000분의 1㎜ 정도의 크기로 주로 물이나 습도가 높은 조건에서 전염되며 , 채소 잎의 수공 · 기공 등 식물의 열린 구멍으로 침입한다. 그밖에 작물의 상처로도 감염된다. 수분을 좋아하며, 비가 올 때나 강한 비바람으로 채소에 상처가 났을 때 잘 걸린다.

방제대책으로 가장 좋은 것은 채소가 비를 맞지 않는 것이다. 세균에 의해 병에 걸렸을 때, 비가 온 후 또는 아침이슬이 마르기 전에 작업하면 전염되기 쉽다. 밭의 물빼기가 잘 되고, 줄기와 잎이 너무 무성하지 않도록 하며 통풍을 좋게 한다. 약은 코퍼설페이트베이직, 염기성염화동 등의 동 수화제를 발생 전이나 발생 초기에 얼룩지지 않게 뿌린다. 농용신, 가스신 등은 효과적이지만 많이 생겼을 때 1~2회 정도만 뿌린다. 약은 7~10일 간격으로 전체에 뿌린다. 사진은 주요 작물에 발생한 대표적인 세균병이다.

풋마름병이 생긴 토마토

줄기, 잎이 녹색인 채로 갑자기 마른다. 뿌리는 흑갈색으로 썩는다. 썩은 줄기를 자르면 간다발이 암갈색이고 더러운 흰즙이 나온다.

점무늬세균병이 생긴 오이

잎맥으로 나뉜 듯하며 각진 모양으로 물에 잠긴 듯한 갈색 병반이 생기지만 곰팡이는 생기지 않는다. 다른 작물에서도 기름에 찌든 듯한 점무늬가 나타난다.

무름병이 생긴 배추

땅에 닿은 부분이 물러서 썩고, 잎이 황백색이 되어 악취를 내며 마른다. 다른 작물에서도 열매가 물러서 썩고 악취가 난다.

채소에 기생하며 줄기와 잎을 시들게 하거나 잘록하게 만든다. 잿빛곰팡이가 생기고, 잎과 열매가 썩거나 병반이 생겨 잎이 마른다. 병원균인 사상균은 약 4000종이 있다. 이러한 병원균 가운데 흰가루병균을 제외하고는 모두 습기가 많은 것을 좋아한다. 병원균은 채소에 붙으면 실과 같은 균사를 늘려서 효소를 분비하며 표피세포를 뚫고 침입한다. 상처가 없어도 채소의 조직 속으로 억지로 들어가서 영양분을 흡수한다. 또한 흙 속에서는 병원균이 뿌리로 침입하여 뿌리가 썩고 잎은 시들어 마른다. 이와 같이 토양 속에도 병원균이 생존한다.

방제대책은 밭의 물빼기를 잘하고 줄기와 잎이 너무 무성하지 않고 통풍을 잘한다. 약은 일정 희석비율로 얼룩지지 않게 뿌린다. 토양은 새 흙을 사용하고 이어짓기를 피하거나 흙 굽기 등으로 소독한다. 사진은 주요 작물에 생긴 대표적인 사상균병이다.

덩굴쪼김병이 생긴 메론
낮에 시들고 아침 저녁에 회복되며 2~3일 후 마른다. 뿌리가 갈변하여 썩고 관다발이 갈변한다. 땅에 닿은 줄기에 긴 틈이 생긴다.

겹무늬병이 생긴 토마토
잎에 원형이나 부정원형으로 암갈색 큰 병반이 생긴다. 나이테무늬가 생기고 병반의 중앙이 파괴되어 심하면 마른다.

뿌리혹병이 생긴 순무
뿌리에 크고 작은 여러 혹이 생긴다. 땅 윗부분의 잎과 포기 전체가 시들고, 마침내 뿌리가 갈색으로 변하여 썩으면 포기가 마른다.

모잘록병이 생긴 오이
싹이 나오자마자 땅에 닿은 부분이 갈색으로 변하고, 물에 잠긴 듯 가늘게 시들어 쓰러지고 마른다.

반신위조병이 생긴 가지
처음에 잎 반쪽이 누래지고, 줄기와 잎에 생기가 없어져 포기 반쪽이 시든다. 그 후 포기 전체가 마른다. 뿌리, 관다발이 갈변한다.

시들음병이 생긴 토마토
아랫잎부터 누렇게 시들어 곧 포기 전체 줄기와 잎이 시들어 마른다. 뿌리는 갈색으로 변하여 썩고, 줄기의 관다발이 갈변한다.

노균병이 생긴 오이

잎에 다각형의 누런 병반이 생기고, 그 뒷면에 검은 보랏빛 곰팡이가 생긴다. 다른 작물에서는 잎에 흰곰팡이가 생기기도 한다.

흰가루병이 생긴 호박

잎에 원형으로 가루 같은 흰곰팡이가 생기고, 곧 잎 전체로 퍼져 심하면 마른다. 잎의 생장점 가까이에 생기면 새잎이 기형이 된다.

탄저병이 생긴 오이

잎에 황갈색 원형 병반이 생기고 가운데가 회백색이 되어 파괴된다. 다른 작물에서도 나이테무늬 병반과 선홍색 작은 점무늬가 생긴다.

역병이 생긴 감자

잎 가장자리와 끝부분에 불규칙한 테두리무늬의 회갈색 큰 병반이 생긴다. 건강한 부분과의 경계에 서리모양의 곰팡이가 생긴다.

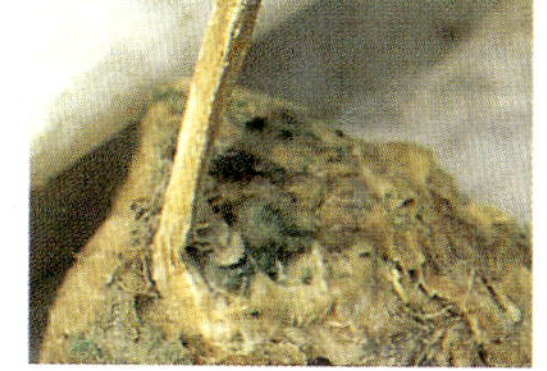

역병이 생긴 오이

잎에 큰 병반이 생기고, 뿌리와 땅에 닿은 줄기가 갈색으로 썩으며, 줄기와 잎이 시들어 마른다. 썩은 부분에 흰곰팡이가 생긴다.

잿빛곰팡이병이 생긴 가지

다 핀 꽃잎이 썩어서 열매까지 썩고, 잿빛곰팡이가 생겨 물러 썩는다. 잎과 줄기 등에 꽃잎이 붙으면 그곳에 병이 생긴나.

균핵병이 생긴 오이

다 핀 꽃잎이 썩어 열매까지 번져 흰 솜털모양의 곰팡이가 생기고 썩는다. 잎과 줄기에 꽃잎이 붙으면 그곳에 곰팡이가 생겨 썩는다.

흰무늬병이 생긴 배추

잎에 회백색 원형 병반이 생긴다. 병반이 많이 생긴 잎은 마른다.

검은무늬병이 생긴 파

잎에 검은색으로 둥근 나이테무늬의 병반이 나타나며, 그 위에 검은색 그을음 모양의 곰팡이가 생기고 심하면 마른다.

해충의 크기는 1mm 이하부터 수cm까지 여러 가지이다. 해충을 없애기 위해서는 우선 해충의 정체를 알아야 한다. 해충의 발생시기, 성질, 좋아하는 작물, 서식하는 부위를 알아야 한다.

사진은 주요 해충과 피해 상황이다.

진딧물류

4~6, 9~10월에 생긴다. 진딧물은 모자이크병이나 그을음병의 원인도 되며, 꽃봉오리, 꽃, 싹, 새잎, 잎에 기생한다. 진딧물이 늘어나기 쉬우므로 질소비료는 조금만 준다. 진딧물류는 누런 색에 강하게 끌리므로 황색 점착지(황색점착트랩)로 성충을 잡으며, 은색을 싫어하므로 은색 필름(은색 바닥덮기)으로 성충을 막는다.

진딧물은 각종 병을 옮긴다.

가루이류

성충은 몸길이 1mm 내외로 하얀 날개가 있어서 작물을 흔들면 가루같이 날아오른다. 유충은 패각충처럼 잎 뒷면에서 즙을 빨아먹는다. 많아지면 가루이가 배출한 감로(甘露)에 그을음병이 생긴다. 온실가루이는 온실에서는 1년 내내, 밖에서는 여름에 발생한다. 20℃에서는 알에서 성충까지 28일 걸린다. 같은 종류로 담배가루이가 있다. 누런색에 끌리므로 황색점착지로 성충을 잡는다.

담배가루이

잎응애류

화초, 채소, 과일나무, 수목 등에 해를 입힌다. 주로 잎 뒷면에 살며 흡입한 잎 표면에 흰 점무늬가 남는다. 배추응애종같이 그물을 치지 않는 것과 점박이잎응애같이 그물을 치는 종류가 있다. 그물을 치는 응애류가 많아지면 거미줄처럼 그물을 치며 모여 산다. 고온건조하고 실내, 베란다, 현관 등 비를 맞지 않는 곳에 잘 생긴다. 약은 발생 초기에 잎 뒷면에 잘 뿌린다. 많으면 그물 때문에 잎응애에 약이 잘 안묻어 효과가 없다. 같은 약을 자주 사용하면 저항력이 커져 효과가 떨어진다. 다른 약을 돌아가며 사용한다.

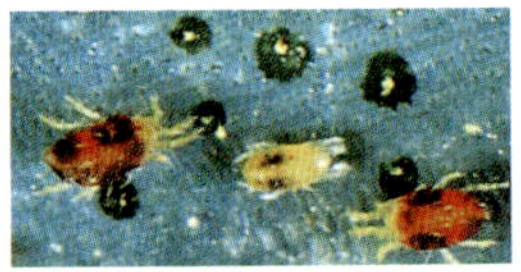

잎응애(위)와 잎응애한테 해를 입은 잎(아래). 표면에 흰 점무늬를 남긴다.

굴파리류

유충은 잎살 속을 터널모양으로 갉아먹으며, 녹색잎 표면에 불규칙한 하얀 힘줄 무늬를 남긴다. 완두굴파리는 대두(콩), 강낭콩, 완두, 누에콩(잠두), 양배추 등에, 아메리카잎굴파리는 가지과, 박과, 유채과, 콩과 등에 기생한다. 아메리카잎굴파리는 농약 효과가 적은데, 천적이 있으면 적게 생긴다.

아메리카잎굴파리.
유충(위) 성충(아래)

민달팽이류

피해 잎 주변에 은색 자국이 남아 고구마벌레 등의 피해와 구별할 수 있다. 민달팽이는 습기가 많은 곳에 생긴다. 낮에는 잎 그늘 등에 숨어 있고 새벽녘과 저녁에 활동한다. 민달팽이는 껍데기가 없는 고둥의 총칭으로 넙적민달팽이과와 민달팽이과에 속하는 것이 대표적이다. 방제약은 넙적민달팽이과에는 효과가 있지만, 민달팽이과에는 효과가 적다. 약 이외에 맥주로 유인하여 뜨거운 물로 죽이거나, 구리선·구리판을 설치해 막는 방법도 있다.

넙적민달팽이

담배벌레

4~10월에 년 3~4회 발생한다. 담배벌레는 잎을 몇 겹의 실로 얽어 그 속에 유충이 들어 있디. 괴일나무와 수목의 해충이지만 허브 등에도 피해를 준다. 갉아먹은 잎이 갈색으로 변해 보기 흉하다. 약이 직접 닿기 어렵거나 적당한 약이 없는 경우가 많으므로 피해 잎을 제거하고 유충을 잡는 것이 좋다.

얽은 잎 속에 담베벌레 유충이 있다.

심식충류

유충이 줄기와 속잎 부분에 구멍을 만들어 해를 입힌다. 머위명나방은 국화, 가지, 머위 등의 줄기 속을 갉아먹는다. 먹어 들어간 부분에서 배설물을 배출하며 그 윗부분이 시든다. 6~9월에 성충이 2~3회 발생한다. 배설물이 나온 아랫부분의 줄기를 자르면 안에서 유충이 나온다. 약이 직접 닿기 어려워 효과를 얻기 어려우므로 피해 줄기를 잘라 처리하고 유충을 잡는 것이 효과적이다.

심식충류의 하나인 홍머위명나방

먼지응애류

몸길이 0.2㎜ 내외로 작아, 피해를 알았을 때 손 쓰기에 늦을 수도 있다. 채소, 화초, 나무에 기생하며 새싹, 잎, 봉오리 등을 갈변시키거나 생장이 멈춘다. 차먼지응애는 여름에 많이 생긴다. 피해는 잎과 꽃의 변형, 순멎음, 열매변색과 열매터짐 등이 있다. 정도가 약할 때 잎 뒷면에 광택을 띄므로 그때 약을 잎 뒷면과 속잎에 뿌린다. 디코폴 유제는 가지에는 약해를 일으켜 사용하지 않는다.

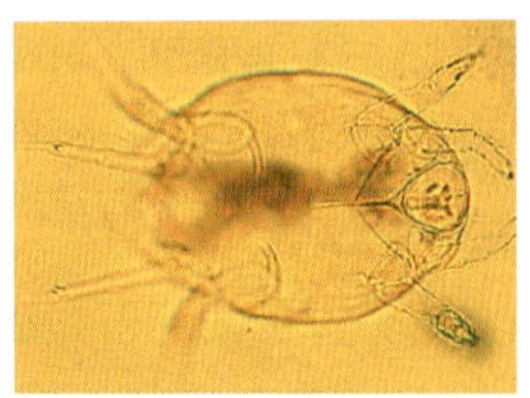

차먼지응애의 현미경 사진

총채벌레류

오이총채벌레는 많은 꽃나무와 채소에 피해를 준다. 잎에는 잎맥을 따라 먹은 흔적이 보이고 곧 전체로 퍼진다. 심해지면 잎 뒷면 전체가 갈색으로 변한다. 꽃노랑총채벌레는 잎 표면과 꽃을 먹는다. 오이총채벌레와 꽃노랑총채벌레의 약이 조금 다른데 아세타미프리드 입제는 양쪽에 모두 효과적이다. 총채벌레는 농약을 자주 사용할 때 많이 생기고 천적이 활동하면 적어진다.

총재벌레(위)
꽃노랑총채벌레(아래)

고구마벌레 · 털벌레류

고구마벌레는 털벌레과의 유충을 총칭하는데 털이 없는 나방과 벌레류 유충의 총칭으로도 사용한다. 털벌레류는 털이 있는 나방의 유충을 총칭한다. 봄부터 가을에 걸쳐서 꽃, 싹, 잎, 줄기 등을 갉아먹는다. 종류에 따라 1년에 여러 차례 발생한다. 도둑나방, 담배거세미나방 등의 나방류 및 미국흰불나방과 차독나방 등은 약령기에는 집단으로 갉아먹지만 크면서 흩어져서 갉아먹는다. 나무의 털벌레류는 흩어지기 전인 약령기에 불태우거나 가지를 제거하여 처리한다. 채소나 꽃에 해를 주는 나방류에는 살충제를 뿌린다. 노령유충이 되면 대식가가 되며, 흩어지거나 살충제를 뿌려도 효과가 없으므로 약령기일 때 방제해야 한다. 비티 수화제, 아세페이트 종류, 피리포 유제, 마라치온-메프 혼합유제, 마라치온-피레쓰린 혼합유제 등을 유충이 있는 곳에 뿌린다. 살충제가 효과 없는 노령유충은 손으로 잡는다.

담배거세미나방 유충(위)과 난괴
(가운데), 파밤나방 유충(아래)

풍뎅이류

풍뎅이는 유충이 뿌리를, 성충이 잎을 갉아먹는다. 콩풍뎅이는 나무, 꽃나무류, 과일나무, 콩과와 벼과 등에 해를 입힌다. 성충은 10~13㎜로 년 1회 발생하고, 5~10월에 볼 수 있다. 낮에 날아다니며 꽃과 잎을 갉아먹고, 유충은 묘목 등의 뿌리를 먹는다. 구리풍뎅이도 잡식성으로 채소, 벼과와 콩과 작물, 화초, 과수, 수목에 해를 준다. 성충은 약 20㎜의 중형으로 년 1회 발생한다. 저녁 때 나뭇잎을 갉아먹으며 덜 썩은 퇴비를 주면 유충 피해가 는다.

콩풍뎅이 유충

구리풍뎅이 유충

선충류

작물에 해를 입히는 선충에는 뿌리를 썩게 하는 뿌리썩이선충, 뿌리에 혹을 만드는 뿌리혹선충, 잎을 마르게 하는 잎마름선충 등이 있다. 모두 현미경을 통해서만 볼 수 있다. 뿌리에 피해를 주는 뿌리썩이선충과 뿌리혹선충이 기생하면 식물의 생육이 나빠지거나 아랫잎부터 시들어 올라간다.

다음 작물을 앞서 재배하여 꽃핀 후에 갈아엎으면 다음 작물에서 선충의 피해를 줄일 수 있다. 콩과의 숙마는 뿌리혹선충, 콩과의 결명자와 국화과의 매리골드는 뿌리썩이선충에 효과가 있다고 알려져 있디. 그러니 메리골드는 뿌리혹선충에는 효과가 없다.

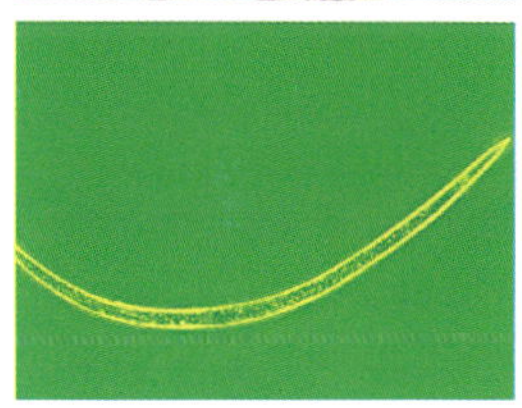

고구마뿌리혹선충 피해(위)와 해충의 현미경 사진(아래)

그 밖의 해충

왕무당벌레붙이

무당벌레붙이라고도 한다

섬서구메뚜기

큰 암컷성충이 작은 수컷성충을 등에 업은 데서 이름이 유래한다

노린재류

가로줄노린재

3. 병해충을 줄이는 일상관리

가능하면 농약을 사용하지 않고 재배해야 하지만, 실제로 농약을 사용하지 않고 채소를 재배하면 병해충 때문에 큰 피해를 볼 수 있다. 반대로 농약을 과신하여도 큰 문제가 생길 수 있다. 농약의 사용 유무를 떠나, 중요한 것은 병해충이 생기기 어려운 환경을 만드는 것이다.

일상관리의 기본

- 건강한 모종과 씨앗을 사용한다.
- 작물에 맞는 토지와 시기를 정한다.
- 알맞게 관리된 토양에 심는다.
- 씨뿌리기와 옮겨심기할 때 비좁지 않게 적정 간격을 유지한다.
- 저항력 있는 바탕나무에 접붙인 모종이나 저항력 있는 품종을 이용한다.
- 이어짓기를 피하고 돌려짓기를 한다.
- 천적과 길항 미생물이 활동하기 쉬운 환경을 만든다.
- 비료와 물 관리를 잘하고, 해충을 잡고 병이 생긴 포기와 부위는 잘라내어 처분한다.
- 재배지는 청결하게 한다.
- 농약 이외의 방제수단도 활용한다.

위의 기본사항 중 몇 가지를 자세히 설명한다.

토양의 배수를 잘 한다

작물을 심는 곳의 물빼기를 잘 한다. 숙성퇴비와 부엽토를 혼합하여 토양을 개량하고 이랑을 높인다. 이랑 높이는 보통 5~6cm 정도인데, 물빼기가 나쁜 경우에는 15cm 이상 높게 하면 물빼기가 잘 되며, 공기와 접하는 면도 많아져 통기성도 좋아진다. 또한 많은 병원균이 토양 속에 있기 때문에 비가 올 때 흙탕이 작물에 튀지 않도록 비닐로 바닥덮기를 한다.

재배지는 청결하게

약을 뿌려서 병해충을 방제하여도 재배하는 밭이 청결하지 않으면 병해충은 다시 생긴다. 병든 잎, 줄기, 낙엽에는 병원균과 해충이 서식하므로 밭과 떨어진 곳에서 처분한다. 밭 주변의 잡초는 해충이 생기는 원인이 되므로 제거한다. 그리고 수확 후 밭에 남아 있는 줄기, 잎, 뿌리 등은 병원균과 해충이 붙어 있는 경우가 많으므로 남기지 말고 모두 밭과 떨어진 곳에서 처분한다.

철판 위에 흙을 놓고 밑에서 불을 지핀다.
철판 위에 올려놓는 흙은 20㎝ 이하로 쌓는다

비닐터널을 만들고 그 속에 투명비닐포대에 습한 흙을
담아 볏짚 20~40g/1 *l* 과 석회질소 2g/1 *l* 을 섞어 1
개월 정도 둔다

토양 관리

작물을 튼튼하게 키우기 위해서는 화학적
조건(영양분 공급, 산성도, 비료성분의 농도
등), 물리적 조건(토양의 배수성, 투수성, 통기
성 등), 생물적 조건(병해충이 없는 것, 유기물
을 분해하는 미생물, 초산화성균과 근립균 등)
이 갖춰져야 한다.

토양은 보수성과 통기성, 배수성이 좋은
흙을 선택한다. 흙을 만드는데 유기물의 완
숙퇴비와 부엽토 등을 넣고, 토양의 물리적
성질과 화학적 성질을 알맞게 유지한다. 토
양의 산성도(pH)를 작물에 맞춰 병해의 발
생을 막는다.

석회 사용으로 감소되는 병은 배추과의
뿌리혹병, 박과의 덩굴쪼김병, 가지과의 후

사리움균 등이 있다. 반대로 가지나 피망의
풋마름병, 감자의 더뎅이병, 고구마의 잘록
병(방선균), 모잘록병은 석회 사용으로 많이
생긴다.

토양의 소독방법은 다음과 같다.

흙 굽기

씨뿌리기 할 흙이나 분재배 등 소량의 흙을
소독하는 방법 중 하나이다. 철판 위에 흙을
놓고 밑에서 불을 때서 소독한다. 철판 위의
흙은 20㎝ 이하로 두껍게 쌓지 않는다.

태양열 소독

한번 사용했던 흙은 한여름에 태양열로 소
독하여 다시 이용한다. 투명한 비닐포대에
습한 흙을 넣고 흙 1ℓ 당 5cm 길이로 자른 볏

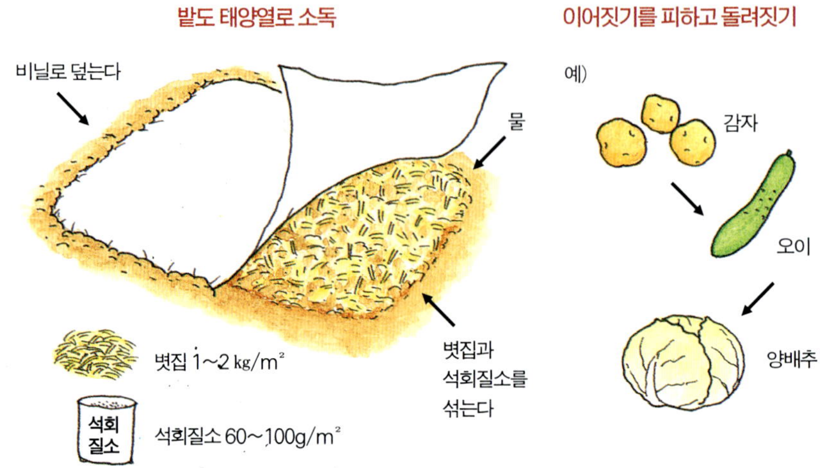

짚 20~40g과 석회질소 2g을 넣어 잘 섞는다. 이것을 해가 잘 드는 곳에 만든 비닐터널 속에 둔다. 1개월 정도 두면 소독이 된다. 밭을 소독할 때는 1m² 당 볏짚 1~2kg과 석회질소 60~100g의 비율로 흙과 잘 섞고 물을 뿌려 비닐을 덮는다. 안에 항상 물이 고여 있듯이 하고, 물이 줄면 보충한다.

|토양반전|

밭의 윗부분(20~40㎝)의 흙과 병원균이 서식하지 않는 아랫부분(40~80㎝)의 흙을 갈아엎는다. 작업할 때 위와 아래의 흙이 섞이면 방제 효과가 떨어진다.

이어짓기를 피한다

매년 같은 밭에 같은 작물과 같은 과의 작물을 재배하는 것이 이어짓기이다. 이어짓기하면 그 작물에 기생하는 병원균과 해충이 토양 속에 늘어나고 토양의 영양분이 불균형을 이룬다. 같은 작물과 같은 과의 작물은 재배하지 않는다.

해충을 막는 자재 이용

진딧물류나 총채벌레류 등의 해충이 날아오는 것을 자재를 이용하여 막는다.

|은색 바닥덮기|

은색 바닥덮기는 은백색 비닐 바닥덮기라

황색 점착트랩

청색 점착트랩

방충망

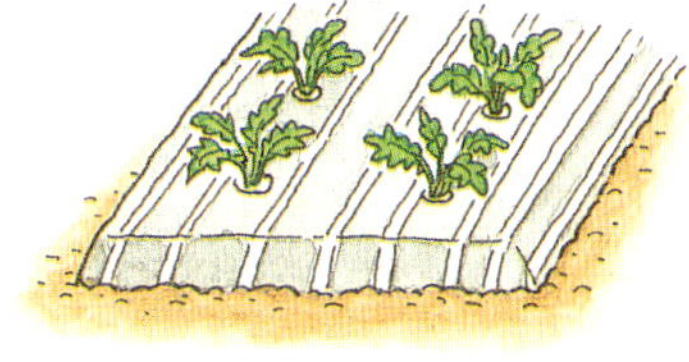

은색 바닥덮기

고도 하는데 진딧물류, 총채벌레류, 굴파리, 오이잎벌레 등의 해충을 방지할 수 있다.

이 해충들이 은백색 광선을 싫어하기 때문이다. 단, 모종에 붙어온 것에는 효과가 없다. 줄기와 잎이 너무 무성하게 자라도 효과가 떨어진다.

자외선 차단 필름

비닐하우스와 비닐터널 등에서 피해가 큰 잿빛곰팡이병, 검은썩음병 등과 총채벌레류, 진딧물류, 굴파리 등은 자외선 차단 필름으로 방제할 수 있다. 단, 소규모 하우스에서는 환풍구 등으로 자외선이 들어와 효과가 떨어지는 경우도 있다.

유색 점착트랩

진딧물류, 가루이류, 볼록총채벌레는 황색으로 유인된다. 청색은 하와이총채벌레류나 오이총채벌레를 유인한다. 베란다 등에서 재배할 때는 여러 가지 색을 칠한 점착트랩을 설치하면 해충들을 유인하여 잡을 수 있다.

방충망

모종을 기르는 밭 전체를 방충망, 망사, 피복자재 등으로 덮어서 날아오는 진딧물류, 가루이류, 총채벌레류와 나방의 기생및 산란을 막는다. 모종을 기를 때와 생육 초기에 사용한다.

안쪽에 있는 작물이 방충망에 닿으면 산란해버린다. 또 망사의 틈이나 찢어진 곳이 있으면 그 사이로 해충이 침입하므로 터널 모양으로 펼쳐서 빈틈없이 완전히 덮는다.

해충에 강한 살충제를 뿌리면, 해충이 뿌리지 않을 때보다도 한층 더 증가하는 경우가 있다. 이것은 강한 살충제가 천적들을 죽이기 때문이다.

그런데 살충제 중에는 일부 해충에는 효과가 있지만 천적은 죽이지 않는 것도 있다. 이것을 선택성 살충제라고 한다. 이것을 잘 사용하면 밭에 사는 천적을 보호할 수 있다. 살충제가 효과 없는 해충은 천적에게, 천적이 퇴치하지 못하는 해충은 선택성 살충제에 맡기면 농약의 살포 횟수를 크게 줄일 수 있다. 다음은 효과 있는 천적과 살충제를 소개한다.

가지과 작물에는 애꽃노린재가 천적이다. 아주심기할 때 이미다클로프리드 입제를 심을 구멍에 섞는다. 응애에는 펜부탄 수화제와 밀베멕틴 유제, 왕무당벌레붙이에는 부프로페진 수화제를 사용한다.

또한 양배추, 브로콜리, 양상추 등의 배추과 작물에는 거미가 중요한 천적이며, 진딧물에는 아세타미프리드 수용제, 배추흰나비와 도둑벌레류에는 테프루벤주론 유제 등을 사용한다. 그러나 테프루벤주론 유제를 가지에 사용하면 천적인 노린재에 나쁜 영향을 준다.

무당벌레류

칠성무당벌레의 성충. 유충은 진딧물을 잡아먹는다

칠성무당벌레와 같이 진딧물의 천적인 꼬마남생이무당벌레의 성충

진딧물을 잡아먹는 유충

어리줄풀잠자리

유충기에 진딧물을 비롯하여 잎응애 등도 잡아먹는다. 성충(위), 유충(오른쪽 아래), 우담화라고도 하는 알(왼쪽 아래)

사마귀

담배거세미나방을 잡아먹는 사마귀. 오른쪽은 사마귀의 알덩어리

쌍살벌

배추흰나비의 유충을 잡아먹는다

성충

싸리진딧벌

싸리진딧벌은 진딧물의 몸속에 알을 낳는다. 알이 기생한 진딧물은 미라가 된다(금색)

온실가루이좀벌

온실가루이에 기생. 서양에서는 천적으로 판매한다

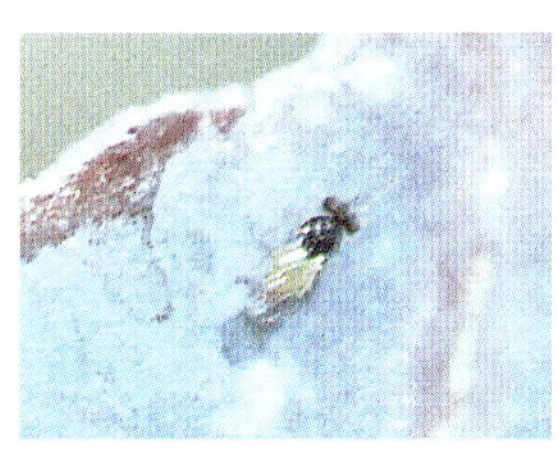

거미류

배추좀나방의 유충을 잡아먹고 있다. 그밖에 진딧물도 잡아먹는다

195

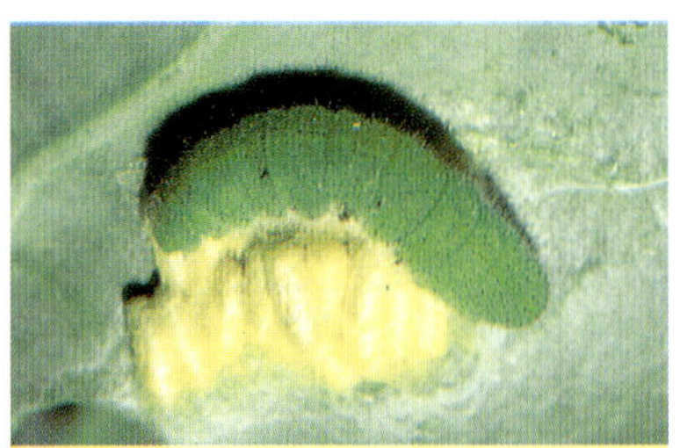

배추나비고치벌

배추흰나비 유충에 기생하는 배추나비고치벌의 집

기생봉

유충이 진딧물을 잡아먹고 있다

진디혹파리

진딧물을 잡아먹고 있다

애꽃노린재

오이총채벌레를 잡아먹는 성충(왼쪽)과 유충
(오른쪽). 옥수수의 수꽃에 모여든다. 가지와
섞어 심으면 가지 해충의 천적이 된다

집게벌레

유충(검은 벌레)이 배추흰나비의 유충을 잡아먹고 있다

청개구리

담배거세미나방을 잡아먹고 있다

청딱지개미반날개

해가 되는 작은 곤충류를 먹는다. 독을 가지고 있어 손으로 만
지지 않는다

혼작물 농법을 활용한 병해충 방제법

어떤 작물이 다른 작물에 이익을 주도록 함께 재배하는 것을 컴패니언 플랜트(혼작물)라고 한다. 이런 농법을 이용하여 병해충이나 잡초의 피해를 없애거나 줄일 수 있다. 이 방법은 과학적으로 밝혀지지 않았지만 경험으로 전해진 것이다. 좋은 점은 한쪽 또는 양쪽 작물이, ① 해충을 방지한다. ② 해충을 유인하거나 미끼로 쓴다. ③ 몸속의 독성 물질에 의한 살충작용과 살균작용이 있다. ④ 천적의 정착으로 해충 억제작용이 있다. ⑤ 병해와 잡초에 길항작용이 있는 식물의 이용한다 등이다.

이외에도 재배하는 계절이 거의 같고 공통 병해충이 없는 작물들을 함께 심을 수 있다. 궁합이 좋은 혼작물은 벌레가 좋아하는 것과 싫어하는 것, 비료의 필요성이 높은 것과 낮은 것, 뿌리가 깊은 식물과 얕은 식물, 빛을 좋아하는 것과 음지를 좋아하는 것, 키가 큰 식물과 작은 식물 등의 조합이다.

잘 어울리는 식물의 궁합은 상대적으로 계절과 지방에 따라 다르다. 더운 지방과 더운 계절에는 토마토와 바질, 옥수수와 호박, 서늘한 지방과 서늘한 계절에는 당근과 덩굴완두, 양배추와 타임이 있다.

궁합이 나쁜 짝짓기는 피망과 덩굴강낭콩, 옥수수와 토마토, 감자와 토마토, 파류와 콩류, 당근과 딜, 호박과 감자 등이다.

순무
+
캐모마일

천적은 캐모마일의 꽃가루와 꿀, 나아가 캐모마일에 모이는 곤충들을 먹이로 한다. 그 때문에 캐모마일이 천적의 거처가 되어 순무의 해충을 퇴치한다. 또한 캐모마일은 진딧물을 방지하는 효과도 있다. 서늘한 시기의 혼작으로 효과적이다.

천적은 옥수수의 꽃가루와 그것을 먹
는 곤충을 먹이로 할 목적으로 모인다.
그래서 옥수수는 천적의 거처가 되어
양배추의 해충도 퇴치해준다. 그밖에
양배추와 궁합이 좋은 식물은 민트, 딜,
캐러웨이, 애스터, 해바라기, 매리골
드, 코스모스, 콘플라워(수레국화), 숙
근애스터, 토끼풀 등이 있다.

파는 뿌리 표면이나 몸속에 공생미생
물이 살며 병해를 퇴치한다. 파와 섞어
심으면 파 뿌리에 공생하는 미생물이
함께 심은 식물의 병해 발생을 억제한
다. 또한 파는 특정 종류의 해충을 방지
하는 작용도 한다. 길항 미생물을 뿌리
주위에 공생시키는 식물로는 마늘, 염
교, 양파가 있다.

서늘한 시기의 혼작이다. 인도네시아
의 표고가 높은 곳에 나타나는 조합으
로 키가 크지 않은 작물의 혼작이다. 공
생관계에 대해서는 잘 알 수 없다. 50
대 50으로 공생한다고 본다. 시금치와
궁합이 좋은 채소로는 덩굴완두콩이
알려져 있다.

오이
+
파

파는 뿌리 표면이나 몸속에 공생하는 미생물이 병해를 퇴치한다. 파와 오이를 섞어 심으면 파 뿌리에 공생하는 미생물이 오이의 덩굴쪼김병 발생을 억제한다. 또한 파는 가지, 토마토와 섞어 심으면 풋마름병, 잘록병을 예방한다. 그리고 오이에게 해가 되는 오이잎벌레를 방지하는 효과도 있다.

양배추
+
수프셀러리

수프셀러리는 진딧물과 배추좀나방 등의 해충을 방지한다. 수프셀러리 등의 미나리과 식물은 특유의 냄새나는 물질로 해충을 방지한다. 서늘한 시기의 혼작으로 효과적이다. 그밖에 섞어심기하는 것으로는 양배추의 해충을 막을 수 있는 토마토, 양상추, 민트 등이 있다.

양상추
+
피망

인도네시아의 여러 곳에서 볼 수 있는 혼작이다. 키가 크지 않은 양상추와 키가 중간 정도인 피망의 조합이다. 공생관계에 대해서는 잘 알 수 없다. 그밖에 딜과 양상추의 조합이 있는데 해충 방제작용이 있는 것으로 알려져 있다.

✻ 병해방제약

✿ 해충방제약

쉽게 알 수 있는 채소 · 허브 병해충 **119**

글쓴이 | 네모토 히사시(根本久) · 요네야마 신고(米山伸吾)
펴낸이 | 유재영
펴낸곳 | 동학사
표지디자인 | 전지영

1판 1쇄 | 2003년 2월 15일
1판 2쇄 | 2007년 5월 23일
출판등록 | 1987년 11월 27일 제10-149

주소 | 121-884 서울 마포구 합정동 359-19
전화 | 324-6130, 6131 · 팩스 | 324-6135
E-메일 | dhak1@paran.com
          dhsbook@hanmail.net
홈페이지 | www.donghaksa.co.kr

ISBN 89-7190-111-X 13520
●잘못된 책은 바꾸어 드립니다.

Green Home은 취미 · 실용서를 출간하는,
도서출판 동학사의 디비전입니다.